頂尖甜點師的
法式巧克力蛋糕
極品作

旭屋出版編輯部／編著

瑞昇文化

Sublime

スブリム

Florilège

フロリレージュ

閱讀本書之前

- 本書介紹的法式巧克力蛋糕當中，含有非常備提供的商品，同時也有部分種類屬於季節限定的商品。另外，也有專為本書特別製作的種類。餐廳章節所介紹的部分種類，僅有套餐商品才有提供。
- 材料的名稱、使用的道具、機器的名稱，依各店慣用的名稱為主。
- 配料名稱、調味料，依各店的習慣進行標記。另外，食譜的內容、製作方法、份量單位、醬汁或麵糊的入料量，皆依各店的標記進行記載，敬請理解。
- 製作方法說明的加熱溫度、加熱時間等，依各店使用的烹調機器而有不同。
- 刊載的法式巧克力蛋糕的材料、製作方法是2019年3～7月期間所採訪的內容。擺盤、裝飾、器皿等，可能有變更之情況。
- 刊載的營業時間、公休日等商家資訊是，2020年8月當時的情報。

人氣甜點師

法式巧克力蛋糕

的技術

PONY PONY HUNGRY

ポニーポニーハングリー

老闆兼甜點師　浮田彩子

這是間烘焙糕點的專賣店，仿古風格的蛋糕展示櫃裡面陳列有約20種的烘焙糕點。紅磚建造的外牆充滿溫馨氛圍，開放式的廚房不斷傳來迷人的糕點烘焙香氣。在這之前，老闆浮田彩子一直在大阪的英國甜點師傅身邊鑽研甜點烘焙的技術，同時也曾經參與過東京「自由之丘烘焙坊」的創業時期。她運用那些經驗所製作出的烘焙糕點大多都是，司康或小餅乾、小麵包等，可直接品嚐到素材原味的純樸烘焙糕點。這次介紹的香橙巧克力軟糖蛋糕是，在基底的巧克力蛋糕裡面加上香橙，最後再混入甘納許，攪拌成大理石狀，然後再進一步烘烤製成。甘納許的濃醇口感在蛋糕體內偶爾顯現，形成整體味覺的亮點。另外，再搭配和巧克力十分對味的大量橙皮，同時再加上君度橙酒的香氣，讓嘴裡的味覺更加協調，持續到最後一口都不會膩。「不論是巧克力或其他材料，不刻意採用太過高級的原料」，而是堅持採用更加親民、樸實的原料，運用過往累積的知識和技術，製作出讓人吃了還想再吃的美味甜點。

大理石狀的甘納許和柳橙的香氣形成亮點

PONY PONY HUNGRY

■地址／大阪府大阪市西区江戸堀2-3-9
■電話／06-7505-6915
■營業時間／12:00～19:00
■公休日／星期一
■URL／https://ponyponyhungry.stores.jp/

Orange Chocolate
Fudge Cake

380日圓（税外）

Orange Chocolate Fudge Cake

甘納許

材料（2個）

黑巧克力（可可56%）…225g
鮮奶油…125g
君度橙酒…20g

1

用小鍋加熱鮮奶油。加熱至表面咕嘟咕嘟
冒泡的程度。

2

把巧克力放進鋼盆，隔水加熱融化。

—— 橙皮
—— 軟糖蛋糕
—— 甘納許

把甘納許倒進巧克力麵糊裡面，攪拌成大理石狀，再進
一步烘烤，可享受到2種不同的味蕾口感，便是這道甜
點的特色所在。加上香橙的酸味，讓濃醇的巧克力不會
太過甜膩。食譜的重點是，增加杏仁粉以減少低筋麵粉
的用量，藉此烘焙出濃醇味道。砂糖使用糖粉，烘烤出
柔滑的口感。

把雞蛋打進另一個容器，加入橙皮。

把香草莢裡面的香草豆刮下來，放進3的材料裡面。

稍微混拌。

Orange Chocolate Fudge Cake

材料（2個）

直徑18cm×高度6cm的模型	2個

無鹽奶油…265g
香草莢…1/2支
糖粉…145g
雞蛋…325g
橙皮（切碎）…50g

杏仁粉…145g
糖粉…145g

低筋麵粉…120g
可可粉…60g
泡打粉…3g

把杏仁粉和糖粉過篩，預先製作成杏仁糖粉備用。

把糖粉倒進恢復至常溫的奶油裡面，用打蛋器搓磨混拌。使整體充分混合，呈現泛白的狀態。

把1的鮮奶油分次倒進2的鋼盆裡面，用打蛋器攪拌混合。因為會分離，所以要先確實攪拌一部分，然後再慢慢混拌整體。

把君度橙酒倒進3的材料裡面，放在常溫下備用。若是冬天凝固的情況，就要隔水加熱融化後再使用。

11

把烘焙紙鋪在模型底部，倒入 10 的麵糊。

12

將預先製作好的甘納許倒進中央。

13

把湯匙插至底部，然後轉動湯匙，使麵糊的紋理呈現大理石狀。

8

把 5 的剩餘材料倒入混拌。

9

把低筋麵粉、可可粉、泡打粉混合過篩後，倒進鋼盆裡面。

10

分2、3次加入 9 的粉末類材料，一邊用橡膠刮刀混拌整體。

6

把 5 的1/3份量倒進 2 的奶油裡面混拌，攪拌均勻後，再接著把剩下的1/2份量倒入混拌。

7

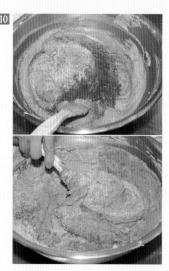

把 1 的杏仁糖粉分2次倒進 6 的材料裡面混拌。

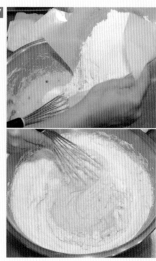

018

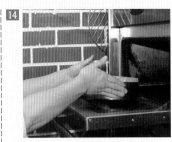

用上火、下火皆為175℃的烤箱烤45～50
分鐘。

脫模後，切成10等分。

ラトリエモトゾー
L'atelier MOTOZO

主廚／義大利甜點歷史研究家　藤田統三

藤田統三主廚在法國甜點店學習法式甜點之後，因為在義大利甜點師傅的身邊工作，而愛上了義大利的飲食文化。兩度前往義大利學習義大利甜點的製作，之後在2016年，於東京的池尻大橋開設了『L'atelier MOTOZO』。這次要跟大家分享三種甜點，分別是義大利家庭也能用一般烹調方式製作的「朗姆巴巴」、藤田先生在義大利經常製作的「榛果巧克力蛋糕」，以及在英國吃過之後，重新把那份感動的美味製作成塔派的「布朗尼」。為了更加凸顯出巧克力風味，朗姆巴巴使用可可含量高達70％的巧克力。從麵糊到糖漿，全部都用巧克力組成，十分獨特。另一款「榛果巧克力蛋糕」，堪稱是義大利的法式巧克力蛋糕，採用的是傳統的製作方法。靈活運用和巧克力十分對味的榛果粉和榛果醬，讓味道更顯深奧。另外，布朗尼的特色則是製作簡單，只要把調和完成的巧克力麵糊倒進塔皮裡面烘烤就可以了。材料不多、烹調步驟也十分簡單的布朗尼，不僅馬上就能模仿製作，改良幅度也十分廣。

運用歐洲的傳統，讓烹調更有效率

L'atelier MOTOZO
■地址／東京都目黒区東山3-1-4
■電話／03-6451-2389
■營業時間／13時～17時
■公休日／星期一、星期二
■URL／官網籌備中
instagram:https://www.instagram.com/latelier_motozo_official

朗姆巴巴

榛果巧克力蛋糕

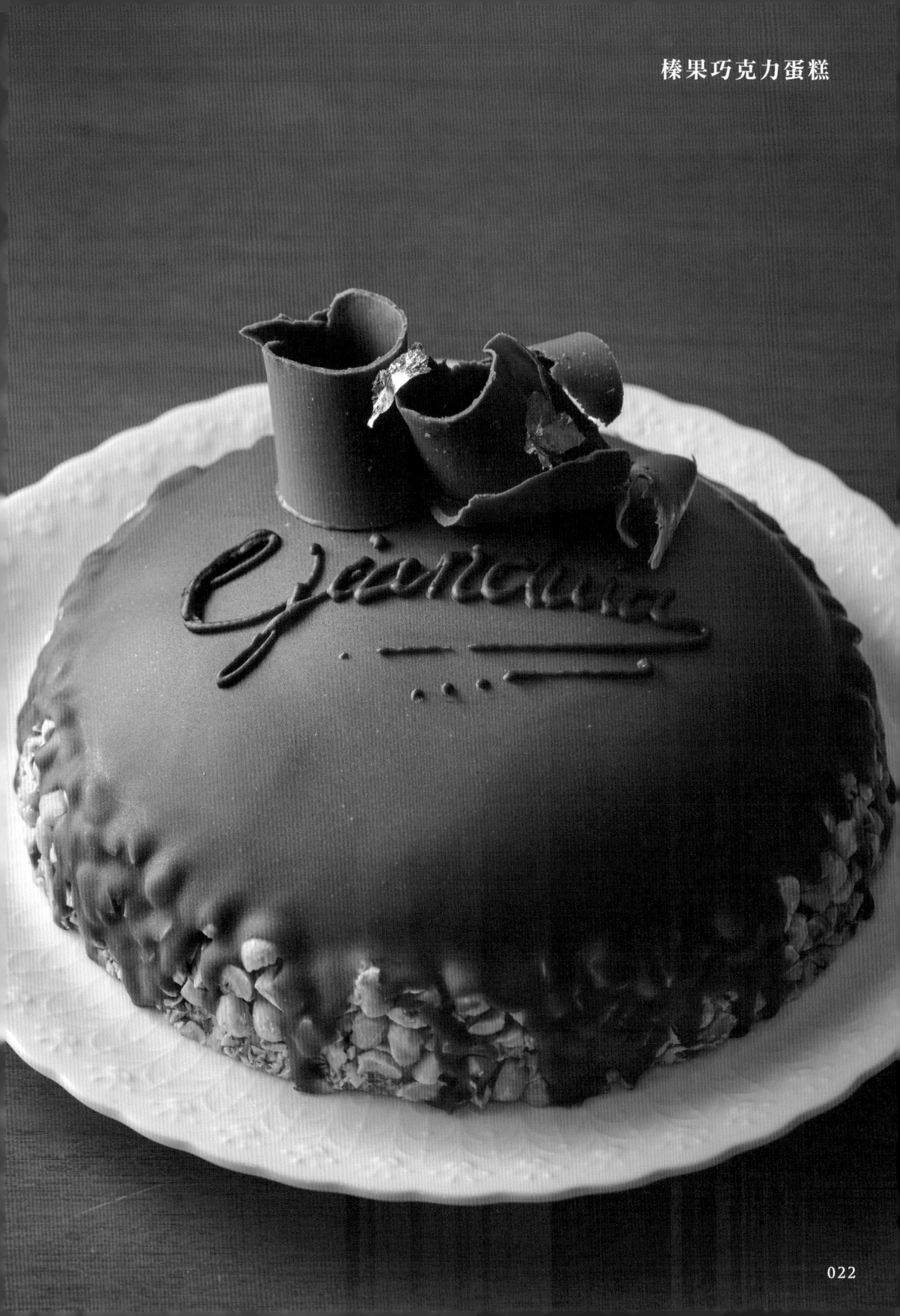

布朗尼

朗姆巴巴

巴巴

材料

矽膠杯　12個

種麵團
　高筋麵粉（瑪里托巴麵粉）
　　…25g
　乾酵母（紅）…1.5g
　水…20ml
高筋麵粉（瑪里托巴麵粉）
　…110g
可可粉…10g
細砂糖…15g
鹽巴…2g
巧克力（可可70%）…25g
發酵奶油…50g
檸檬皮…3g
香橙皮…2g
全蛋…100〜110g

茴香芹
糖漬巴巴
巧克力發泡鮮奶油
季節水果
巧克力片

義大利家庭也能製作的巴巴麵糊，只要用食物調理機就可以快速製作完成，這就是這道甜點的最大特色。製作時間短，所以也非常適合當成餐廳的甜點。為了製作出更濃郁的巧克力味，採用可可含量70%的巧克力。除了在麵糊裡面添加了和巧克力十分對味的香橙和檸檬之外，巧克力糖漿也用甜露酒增添風味。製作出成熟大人的味道。

1
把種麵團的材料，高筋麵粉、乾酵母放進鋼盆裡面稍微混拌。

2
倒進40℃的水，用叉子畫圈攪拌，直到材料聚集成團，蓋上保鮮膜，靜置30分鐘，讓麵團在常溫下發酵。

把9的麵糊裝進擠花袋裡面。

分別擠出30g的份量到模型裡面。這個時候，麵糊帶有韌性，只要用水把手指沾濕，就能輕易扯斷麵糊。

放進發酵箱發酵40分鐘。

加入2的種麵團。

把粉末撥到攪拌機的中央，把雞蛋打進周圍，攪拌。持續攪拌直到麵糊聚集成團，最後用橡膠刮刀刮下週邊的材料，再攪拌1次。

把麵糊倒進鋼盆，在常溫下靜置15分鐘。

把高筋麵粉、可可粉、細砂糖、鹽巴，放進食物調理機稍微攪拌。

倒入巧克力，持續攪拌直到巧克力變成細末。

倒入切成細末的檸檬皮和香橙皮。

放入切成適當大小的發酵奶油，持續攪拌直到奶油變成細碎。

3

把1的材料分次少量倒進鋼盆，混拌。

4

分2～3次加入後，把1的材料全部倒入，持續攪拌直到粉末感完全消失。

5

把4的材料倒回鍋子，再次煮沸。

6

隔著冰水，一邊攪拌冷卻。

糖漿

材料（12個）

牛乳…200ml
水…75ml
細砂糖…150g
可可粉…50g
肉桂粉…適量
柑曼怡香甜酒…60ml
檸檬酒…125ml

1

把牛乳、水倒進鍋裡，加熱至稍微沸騰的程度。

2

把細砂糖、可可粉、肉桂粉放進鋼盆，稍微混合攪拌。

13

發酵完成，呈現膨脹的狀態。

14

用190℃的烤箱烤10分鐘。將烤盤前後顛倒，進一步烤5分鐘後，把溫度調降至160℃，再烤10分鐘。

15

放涼後，脫模備用。

4

隔著30℃的熱水,融化可可醬。

5

在3的巴巴背面,沾滿4的可可醬。

6

把5放在蛋糕架上面,從上面淋上4的可可醬。

組合

1

把切成對半的巴巴放進糖漿裡面,浸漬一晚。

2

用廚房紙巾稍微擦掉沾在表面的多餘糖漿。

3

把可可醬(由鮮奶油、水、水飴、可可粉、明膠烹煮製成)塗抹在表面,補滿剖面的空洞。

7

加入柑曼怡香甜酒、檸檬酒。

8

充分攪拌,讓甜露酒充分融合。

把6的巴巴放在巧克力片上面。

8 在周圍擠上巧克力發泡鮮奶油,上面再裝
飾李子或草莓、覆盆子、藍莓。

榛果巧克力蛋糕

蛋糕體

材料

直徑20cm×高度4.5cm的
曼克模型　2個

全蛋…6個份量（300g）
細砂糖…200g
鹽巴…1撮
榛果粉…75g
中筋麵粉…120g
可可粉…10g
發酵奶油…40g
榛果醬…20g

— 鏡面淋醬
— 奶油糖霜
— 蛋糕體
— 糖漿

在義大利修業時期經常製作的榛果巧克力蛋糕。蛋糕體使用發酵奶油，增添獨特酸味，使風味更加豐郁。奶油糖霜確實打發，讓奶霜充滿大量空氣，呈現出蓬鬆、滑嫩的口感。另外，再搭配依品牌而有口味差異的榛果醬，製作出口味更深奧、濃郁的奶油糖霜。組合的時候，作為基底的第1層使用較少量的糖漿，以避免蛋糕體崩塌，這便是訣竅所在。

1

用粗網格的篩網過篩榛果粉、中筋麵粉、可可粉，將其混合在一起。

2

把發酵奶油和榛果醬放進鋼盆，隔水加熱，使奶油融化。

把模型從高處往下摔，排出空氣。

用上火185℃、下火180℃的烤箱烤25～27分鐘。

出爐後，再次把模型從高處往下摔，排出熱氣，接著將模型倒扣在蛋糕架上面。

放涼後，脫模，然後再放回舖有烤盤紙的模型裡面。

把5的麵糊少量倒入2的鋼盆裡面，攪拌均勻。

把6的麵糊倒回5的鋼盆，水平抓握橡膠刮刀攪拌，像是把油往上撈那樣。

在模型裡面薄塗奶油（份量外），撒上麵粉（份量外），再把370g份量的材料倒進模型裡面。

把全蛋、細砂糖、鹽巴放進鋼盆，隔水加熱，讓溫度上升至36℃左右。再以高速7分鐘、中速3分鐘、低速3分鐘的順序進行攪拌。

把麵糊撥到鋼盆邊緣，讓中央呈現窟窿。

把1的粉末類材料倒進中央，垂直抓握橡膠刮刀攪拌，讓粉末類材料往下掉。

5

奶油的溫度比蛋黃更低，更不容易融化，所以後半要把奶油切成小塊再加入。

6

呈現勾角直挺的程度。如果溫度高於人體肌膚，就要放涼，若是偏低，就隔水加熱。

7

加入可可粉，攪拌均勻。

8

加入2種榛果醬，攪拌至整體混合。

奶油糖霜

材料

直徑20cm×高度4.5cm的
曼克模型　2個

蛋黃…50g
水…65ml
水飴…25g
細砂糖…230g
生奶油…480g
可可粉…6g
榛果醬（淡、濃）…各50g

1

把水、水飴、細砂糖放進鍋裡，加熱至120℃。

2

把蛋黃放進攪拌盆，用高速攪拌。

3

在攪拌機維持攪拌的情況下，逐次少量倒入1的材料。

4

放入切成適當大小的生奶油，進一步攪拌。

鏡面淋醬

材料

直徑20cm×高度4.5cm的
曼克模型　2個

鮮奶油（乳脂肪含量35％）
　…150ml
榛果巧克力…250g
生奶油…50g

1

把鮮奶油放進鍋裡加熱，煮沸後，倒入榛果巧克力。

2

持續攪拌直到冷卻。

3

加入生奶油，攪拌融化，讓材料乳化。

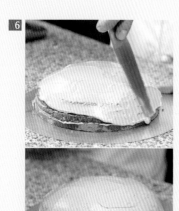

在第1層的表面和側面抹上糖漿。最下面的部分只要減少糖漿的用量，蛋糕體就比較不容易變形。

抹上120g份量的奶油糖霜。抹平，使中央呈現略高的弧度。

疊上第2層蛋糕體，把蛋糕體的邊緣往下壓，使形狀呈現圓弧。

重複步驟2～4。抹上大量的糖漿，第2層抹上100g的奶油糖霜，第3層抹上80g。

淋上80g披覆用的奶油糖霜，塗抹覆蓋整體後，放進冰箱靜置。

重疊抹上50g修飾用的奶油糖霜。進一步用塑膠膜使表面呈現平滑，放進冰箱冷藏。

把切碎的烤榛果（份量外）貼附在下緣。從上面淋上鏡面淋醬。

糖漿

材料

直徑20cm×高度4.5cm的曼克模型　2個

杏仁香甜酒（Amaretto）…70ml
榛果香甜酒（Frangelico）…70ml
核桃香甜酒（Nocello）…70ml
波美30°度糖漿…200g
水…200ml

把杏仁香甜酒、榛果香甜酒、核桃香甜酒混合在一起。

加入糖漿和水，進一步混拌。

組合

把蛋糕上下乾燥的部份薄削去除後，切片成4等分。

布朗尼

布朗尼

材料

塔皮　1個份量

發酵奶油…60g
巧克力（可可65%）…60g
全蛋…1個（60g）
細砂糖…120g
鹽巴…1撮
低筋麵粉…20g
可可粉…8g
香草精…適量
烤核桃…60g
塔皮…1個

——巧克力餡料
——烤核桃
——塔皮

重現英國咖啡廳所品嚐到的感動美味。藤田統三先生表示，「那個布朗尼不是專業甜點師製作的，而是在咖啡廳打工的人所製作的。作法十分簡單，只需要混合、烘烤就可以輕鬆完成」。濕潤的餡料和酥脆核桃激盪出絕妙美味。由於甜度較高，所以烘烤之後，表面會呈現酥脆狀態。雖然香草精可以增添香氣，但是，如果添加太多，巧克力的味道會變淡，所以建議少量就好。另外，也可以考慮增加肉桂、茴香和肉豆蔻的風味。

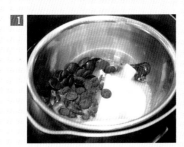

把發酵奶油、巧克力放進鋼盆，隔水加熱融化。

把雞蛋、細砂糖、鹽巴放進另一個鋼盆，一邊隔水加熱，一邊打發。

把9的餡料放進空烤的塔皮裡面。這個時候，盡量讓核桃在邊緣，中央部分只留下餡料，切開的時候，視覺上會更加漂亮。

用180℃的烤箱烤15分鐘後，把烤盤前後顛倒，再進一步烤5分鐘。

把6的粉末材料倒進5的鋼盆裡面，攪拌至完全融合。

加入香草精，進一步攪拌。

把切碎的核桃放進8的鋼盆裡面攪拌。

持續打發至呈現緞帶狀。

把1倒進3的鋼盆裡面。

用打蛋器攪拌，直到整體充分融合。

把低筋麵粉和可可粉過篩。

ベルグの4月
Avril de Bergue

甜點主廚　山內敦生

1988年創業的『Avril de Bergue』，2010年10月在東急田園都市線‧多摩廣場車站內的商業大樓『多摩廣場TERRACE』開設分店，成為廣受當地民眾喜愛的甜點名店。山內敦生主廚向『Avril de Bergue』的創始人山本次夫拜師學藝之後，於2007年前往法國。在法國里昂的『SEVE』、盧森堡的『OBERWEISE』等Le Lady Sale的會員店累積經驗之後，於2010年回到『Avril de Bergue』擔任甜點主廚。

店內的巧克力小蛋糕有，由巧克力慕斯（巧克力採用VALRHONA的Jivara Lactee）和香蕉果粒果醬組合而成的「吉瓦那香蕉」、使用可可含量70％的巧克力（哥倫比亞產）製成，味道濃醇的「巧克力陶罐1906」等各種不同的種類，不過，冠上店名的經典法式巧克力蛋糕「貝爾格」更是開幕以來的招牌商品。全年都有販售的「貝爾格」有多種不同的尺寸。分別是5吋、長11cm×寬12cm的心形規格，以及將圓形蛋糕切成1/10販售的「貝爾格切片蛋糕」。用AGELESS PACK包裝的「Bergue Ageless」、單人份量的「Mini Heart Bergue」可常溫保存，因為能夠保鮮10天左右，所以作為賀禮或婚禮小物也很受歡迎。

雖說這是歷代傳承下來的食譜，不過，「正因為製作步驟簡單，所以才需要更精細的工藝。可說是本店商品中，最難達到完美的商品。」山內主廚說。蛋白霜的狀態、加熱的溫度、時間等，都必須仔細研究。

儘管承襲傳統，仍要持續創新的經典風格

Avril de Bergue
■地址／神奈川県横浜市青葉区美しが丘2-19-5
■電話／045-901-1145
■營業時間／9:30～19:00
■公休日／每年休業3次，進行設備檢修（透過網站公告）
■URL／https://www.bergue.jp/
■透過SNS等平台持續更新最新資訊

貝爾格（經典巧克力蛋糕）
550日圓（稅外）

貝爾格（經典巧克力蛋糕）

貝爾格 （經典巧克力蛋糕）
材料
5吋蛋糕模型　6個

巧克力（Equador）…450g
鮮奶油（47%）…450g
冷凍蛋白…544g
加糖蛋黃…425g
細砂糖A…95g
細砂糖B…500g
低筋麵粉…136g
可可粉…272g
發酵奶油…341g

糖粉

甘納許蛋糕體

1

山內主廚表示，在甜點製作當中，「甘納許」是最難製作的。首先，把鮮奶油放進鍋裡，加熱至沸騰。

山內主廚表示，「法式巧克力蛋糕出爐的時候，中央之所以產生凹陷的現象，是因為凝固的程度各有差異。『貝爾格』則是不論吃哪個部位，都能有相同輕盈口感的招牌商品」。唯有在150℃左右的範圍內，一邊改變溫度，花費1小時半的時間，細心烘焙，才能烘烤出維持固定高度，同時又兼具蓬鬆、柔軟口感的成品。當甘納許的溫度偏低的時候，只要利用瓦斯爐等加熱器具，把溫度調整至35℃就可以了。蛋白霜以「具有適當濃度且充滿彈力」的狀態最理想。倒進麵糊裡面的時候，為了盡可能避免離水（Syneresis），最好兩個人一起快速製作。為了調和巧克力、奶油和蛋黃各自的風味，使用甜味和苦味均衡，個性不會太過搶眼，可可含量53.9%的西班牙產巧克力。

首先，把1/3份量的 4 倒進甘納許的鋼盆裡面，攪拌至呈現大理石狀。

把低筋麵粉倒進 7 的鋼盆裡，攪拌至整體呈現柔滑狀態。

奶油在入料之前，放置在常溫下備用。硬度就以手指按壓就會凹陷的程度為標準。把甘納許倒進較大的鋼盆，加入奶油，用打蛋器把奶油搗碎，一邊混拌。

把可可粉倒進 5 的鋼盆，持續攪拌直到整體融合，產生光澤。

把 1 的鮮奶油和鋼盆裡的巧克力混合，放置數分鐘，使巧克力融化。

巧克力融化後，用打蛋器充分攪拌整體，讓材料乳化，溫度下降至35℃。這是為了用低於奶油融化溫度的溫度，讓甘納許和奶油混合。

把加糖蛋黃和細砂糖A放進攪拌盆混合，確實用中速混合攪拌。

碰觸表面,只要表面充滿彈性,就可以取出。放涼之後,脫模,撒上糖粉。

把烘焙紙鋪在模型的側面,底部鋪上白報紙,將麵糊倒入,把模型稍微往上舉起,再放開模型摔落,使表面呈現平坦。包含模型在內的重量大約落在650g左右。將模型平均排列在烤盤上,放進烤箱裡面。

用上火、下火皆為150℃的烤箱烤30分鐘。擋板預先半開準備。中途把門打開約10秒,讓空氣進入。

把上火的溫度調降為140℃、下火調降為120℃,烤1小時。中途經過10分鐘後,改變烤盤的前後位置,再次經過12分鐘之後,再次轉動烤盤,讓每個角落都能充分加熱。

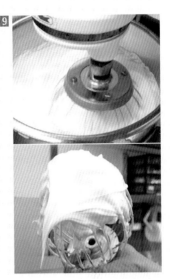

製作蛋白霜。把蛋白和細砂糖B的1/3份量倒進攪拌盆,用中速攪拌。剩下的細砂糖分2次加入,打發至呈現質地細緻且充滿彈性的光澤狀態。

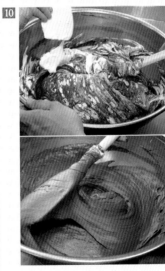

首先,先把9的蛋白霜(約撈2匙切麵刀的份量)撈進8的攪拌盆裡面混拌。逐次少量地加入剩下的蛋白霜,一邊轉動鋼盆,一邊用橡膠刮刀從底部往上撈,將整體充分攪拌均勻。為了能夠一邊攪拌,一邊少量加入蛋白霜,建議2個人一起合力作業。

貝爾格（經典巧克力蛋糕）

心形

店內也有贈禮用的心形「貝爾格」。採用心形模型的時候，蛋糕體容易從兩側塌陷，所以烤的中途要一邊改變方向，一邊注意形狀。

パティスリー ウサギ
pâtisserie usagui

老闆兼甜點主廚　村西理沙

村西里沙在完全沒有半點經驗的情況下，進入大阪甜點店的廚房當學徒，然後在經過數年的學習後，取得學生簽證而前往法國研習，在巴黎與阿爾薩斯的甜點店持續累積經驗。也曾在最後工作的巴黎餐廳負責甜點的製作。巧克力葡萄是在聖誕節時期，為了增添華麗而開發的蛋糕。以巧克力為主角，再加上葡萄乾的芳醇，使整體口感更加豐富。其他部位使用的是杏仁和零陵香豆，因為彼此的氣味有共通點，所以才會採用這樣的組合。各自的香氣在嘴裡充分融合，氣味深奧的一道。另一方面，巧克力軟心蛋糕是以村西里沙在法國學到的食譜為基底，然後再重新調整甜度後的改良食譜。以濃醇的味道和紮實、厚重的口感為目標，稍微調整了麵糊的製作方法。兩種甜點的重點都在於均衡的口感。由於蛋糕全都是獨自一個人製作，所以比起作業性，更加重視的是食譜的開發。例如，就拿配料比較多的巧克力葡萄來說，村西里沙會預先做好一星期份量的配料冷凍備用，而零陵香豆香緹鮮奶油或巧克力片等頂飾，則會選在當天製作。兩種商品主要都在寒冷時期販售。

巧克力加上副素材的香氣，演繹出深層味道

pâtisserie usagui
■地址／兵庫県伊丹市中央1-7-15
■電話／072-744-2790
■營業時間／11:00～19:00（售完即止）
■公休日／星期三、四　不定期休
■URL／https://www.instagram.com/patisserieusagui/

041

巧克力軟心蛋糕

330日圓（稅外）

巧克力葡萄

布朗尼彼士裘伊蛋糕體

材料（20人份）

長33cm×寬8cm的方形模　3個

苦味巧克力（Chocovic71%）
　…42g
無鹽奶油…202g
細砂糖…75g
雞蛋…72g
低筋麵粉…45g
可可粉…45g
杏仁粉…45g
牛乳…45g
蛋白…216g
細砂糖…82g
杏仁…45g

巧克力片
金箔
杏仁焦糖
零陵香豆香緹鮮奶油
甘納許
布朗尼彼士裘伊蛋糕體

「想使用蘭姆葡萄乾」的這個契機，開啟了這道甜點的製作靈感。　在甘納許的中央配置浸泡蘭姆酒半年以上的黃金葡萄乾。以充滿杏仁香氣和口感的布朗尼彼士裘伊蛋糕體作為基底，擠上帶有隱約奢華香氣的零陵香豆香緹鮮奶油，再層疊上薄脆的巧克力片。布朗尼彼士裘伊蛋糕體的口感柔軟，使整體充滿柔滑印象。在沒有改變基本結構的情況下，一點一滴地嘗試細微改變，最後形成現在的食譜。

1

杏仁用150℃的烤箱烤10分鐘後，切碎。

2

把苦味巧克力隔水加熱。溫度約30℃。

把 1 的杏仁碎粒倒入，用橡膠刮刀攪拌。

把蛋白倒進另一個攪拌盆，分3次加入砂糖，一邊打發，使蛋白呈現蓬鬆狀態。

把 11 的1/3份量倒進 10 的攪拌盆裡面攪拌。

雞蛋打散之後，加入杏仁粉。

進一步加入預先過篩的麵粉和可可粉。

進一步攪拌，使粉末類材料充分混合。

粉末類混合後，倒進牛乳攪拌。

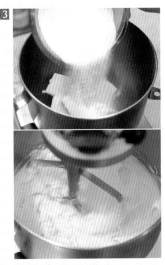

把細砂糖和髮蠟狀的奶油放在一起，用攪拌機攪拌。

3 的材料完全混合後，加入 2 的苦味巧克力攪拌。

加入雞蛋攪拌。

3

把牛乳和鮮奶油放進鍋裡，加熱至表面咕嘟咕嘟冒泡的程度。

4

把雞蛋和細砂糖放進另一個鋼盆，搓磨攪拌至泛白程度。

5

把3的材料倒進4的鋼盆裡面，攪拌均勻後，再倒回鍋子。

6

開火，加熱至82～84℃，製作成安格列斯醬。

16

放涼後，脫模，成型之後，裝回模型裡面，放進冰箱內冷藏。

甘納許

材料

33cm×8cm的模型　3個

苦味巧克力（71％）…420g
牛乳…420g
鮮奶油（35％）…420g
蛋黃…78g
砂糖…78g
蘭姆葡萄乾…240g

1

把浸泡一星期以上的蘭姆葡萄乾切成細碎。

2

把苦味巧克力放進鋼盆，隔水加熱融化。溫度約30～32℃。

13

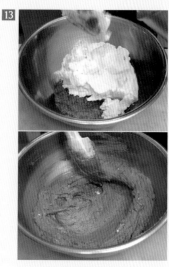

把12的麵糊移到鋼盆裡面，加入11的剩餘份量，用橡膠刮刀混拌。

14

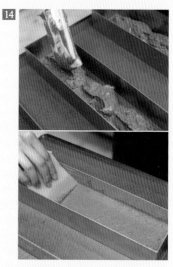

蛋白霜混拌均勻後，倒進模型裡面，將表面抹平。

15

用170℃的烤箱烤10～15分鐘。

巧克力凝固後，用滾輪刀切成3×8cm的尺寸。

杏仁焦糖

材料（容易製作的份量）

杏仁…250g
水…25g
細砂糖…68g
無鹽奶油…3g

杏仁用150℃的烤箱烤10分鐘。

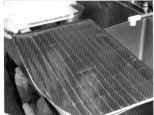

把水、細砂糖放進銅鍋，熬煮成110℃的糖漿，接著倒入1的杏仁混拌，讓杏仁結晶化。

巧克力片

材料（容易製作的份量）

市售苦甜巧克力磚或巧克力粒
　…適量
透明賽璐璐片或硬塑膠片

把巧克力放進銅盆，隔水加熱融化。加入預留1/4份量的巧克力混拌。

用嘴唇下方的肌膚確認溫度，溫度感覺涼爽的話，就可以倒在賽璐璐片上面。

用抹刀抹平成1mm左右的厚度。

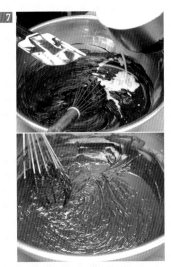

少量逐次地把6的安格列斯醬倒進2的巧克力裡面，逐次混合攪拌。

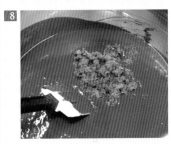

把1的蘭姆葡萄乾倒入，用橡膠刮刀混拌。

倒進裝有布朗尼彼士裘伊蛋糕體的模型裡面，放進冷凍庫凝固。

用宛如從上方按壓的方式，把2的零陵香豆香緹鮮奶油擠在1的上面，寬度比底部的蛋糕體體略窄。

把杏仁焦糖切碎，裝飾上5、6個杏仁碎。

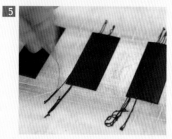

用擠花袋把甘納許擠在巧克力片上面，描繪出線條。

裝飾上金箔，重疊在4的鮮奶油上面。

加入細砂糖後，開火煮沸。

倒進保鮮盒，緊密覆蓋上保鮮膜，在冰箱內冷藏一晚。

組合

把布朗尼彼士裘伊蛋糕體脫模，修整側面之後，切成11等分。

把零陵香豆香緹鮮奶油過濾到鋼盆，打發之後，裝進擠花袋。

白色結晶再次融化，產生鮮豔的光澤後，加入奶油混拌。

表面裹滿奶油後，攤放在矽膠墊上面冷卻。

零陵香豆香緹鮮奶油

材料（10個）

零陵香豆（乾燥）…1/2個
鮮奶油（35％）…150g
細砂糖…12g

把鮮奶油放進鍋裡，把零陵香豆刮削進鍋裡。

巧克力軟心蛋糕

巧克力軟心蛋糕

材料

直徑6cm×高6cm的模型　12個

雞蛋…250g
細砂糖…125g
低筋麵粉…55g
可可粉…10g
巧克力（Chocovic71%）…250g
無鹽奶油…170g

糖粉

甘納許

1

把巧克力和奶油放進鋼盆，隔水加熱融
化。用橡膠刮刀混拌。

主要在情人節時期販售的常溫甜點。以在法國甜點店學
到的食譜為基底，再以濃醇的味道和口感為目標，進行
改良。為避免口感太過鬆軟，重點就是讓全蛋和細砂糖
僅止於砂糖稍微融化的略稀程度。在放進烤箱之前，將
麵糊冷藏2次，藉此消除油分所造成的結塊，同時防止
分離。除了溫熱後搭配香草冰淇淋一起品嚐之外，也非
常推薦直接常溫品嚐，享受濕潤的濃醇口感。

把70g的麵糊擠進內側舖有烘焙紙的模型裡面。放進冰箱再次冷藏。

用200℃的烤箱烤6分鐘，將烤盤的方向顛倒後，再接著烤1分鐘30秒。

放冷之後，脫模，拿掉烘焙紙。

撒上糖粉，完成。

把4的粉末材料倒進3的鋼盆裡面。

快速攪拌，讓粉末感完全消失。

倒進保鮮盒，放進冰箱冷藏一晚。

隔天取出，恢復至常溫，變得比較軟之後，裝進擠花袋。

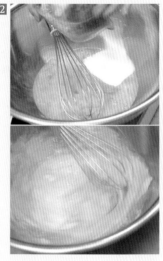

把雞蛋和細砂糖放進另一個鋼盆，輕輕混合攪拌，盡量避免起泡。

把1的材料倒進2的鋼盆裡面，輕輕混拌。

把低筋麵粉和可可粉混在一起過篩。

PRESQU'ILE
chocolaterie

主廚巧克力師　小拔知博

小拔主廚是在日經新聞的專家精選美味熔岩巧克力中，榮獲全國冠軍殊榮的巧克力大師。『PRESQU'ILE chocolaterie』除了主要販售的20～30種常備糖果巧克力之外，還有按各季節推出的5種熔岩巧克力、10種使用巧克力製成的生菓子，絕對是間令巧克力愛好者瘋狂的巧克力專賣店。小拔主廚本人也非常喜歡巧克力。甚至還因此而報名專科學校，在水野直已先生（現為洋菓子MOUNTAIN的老闆兼主廚）麾下，從基礎開始學習巧克力的相關知識，畢業後則向巧克力界的權威・猿館英明老闆兼主廚拜師學藝，並在『Ma Prière』修業。之後，曾在東京麗思卡爾頓酒店任職，然後被拔擢成GROUP RAISON『PRESQU'ILE chocolaterie』的主廚。GROUP RAISON在全國各地設有釀酒廠、餐廳等設施，旗下擁有許多不同領域的專家，因此，擁有讓巧克力與紅酒結合等，創造出更多美味可能性的絕佳優勢環境。堅持採用新鮮巧克力，特別受顧客喜愛的是荔枝和玫瑰的甘納許，再搭配上泰莓的「Fleur（花）」。糖果巧克力是將不同食材加以搭配組合，就能創造出全新香氣與味道的甜點。除巧妙運用調溫巧克力、在自家工坊製作的巧克力之外，Valrhona、Callebaut、Belcolade等巧克力品牌也都一應俱全。這次介紹的紅寶石荔枝是小拔主廚的全新作品，不過，小拔主廚表示今後也將持續開發更具魅力的巧克力甜點。

管理並創作多達30種的調溫巧克力

PRESQUILE chocolaterie
■地址／東京都武蔵野市吉祥寺本町2-15-18
■電話／0422-27-2256
■營業時間／11:00～19:00
■公休日／星期二、星期三
■URL／https://presquile.co.jp/

格瑞那達巧克力
560日圓（未稅）

紅寶石荔枝
580日圓（未稅）

格瑞那達巧克力

巧克力彼士裘伊蛋糕體

材料

47cm×37cm×高5cm的模型	1個

巧克力61%…100g
巧克力56%…176g
混合奶油…280g
奶油…280g
轉化糖…46g
杏仁粉…115g
糖粉…86g
低筋麵粉…138g
可可粉…46g
加糖蛋黃…（20%）
蛋白…230g
細砂糖…161g

糖漿
水…158g
砂糖…100g
香草…5g

※糖漿將所有材料混合煮沸即可。
這個糖漿在最後組合的時候使用。

巧克力鏡面淋醬
格瑞那達甘納許
巧克力彼士裘伊蛋糕體
格瑞那達甘納許
巧克力彼士裘伊蛋糕體
格瑞那達甘納許
巧克力彼士裘伊蛋糕體

巧克力彼士裘伊蛋糕體混合使用厄瓜多產可可含量61%和迦納產56%的巧克力，用50℃的溫度，讓蛋黃乳化。基本上，巧克力的混合比例都是根據經驗值，依照蛋糕種類而思考出來的，不過，這次主要希望呈現的是甘納許的味道，所以盡量選擇個性不會太鮮明的巧克力。麵糊、甘納許都有使用混合奶油。只要添加少量，口感就會比奶油更加柔軟。追求可以直接品嚐到巧克力味道的製作方法，希望展現巧克力風味時，就會用減法的思考方式，調整乳製品的比例。

1

糖粉、杏仁粉、低筋麵粉、可可粉過篩後混合。

把模型放置在舖有烘焙紙的烤盤上，倒入
麵糊，用抹刀把表面抹平。

把1的粉末類材料倒入，用橡膠刮刀從鋼
盆底部往上撈，把材料混合在一起。

巧克力隔水加熱融化，溫度達50℃後，依
序加入奶油、混合奶油、轉化糖、加糖蛋
黃攪拌，讓材料乳化。

用190℃的烤箱烤8～10分鐘。

加入剩餘的蛋白霜，用橡膠刮刀大範圍地
混合攪拌。

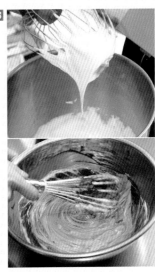

分3次把砂糖加進蛋白裡面，製作蛋白
霜。蛋白霜避免過度打發。把一半份量的
蛋白霜放進2的鋼盆裡面，快速攪拌。

格瑞那達巧克力

巧克力鏡面淋醬

材料

水…150g
砂糖…250g
可可粉…100g
鮮奶油（35%）…150g
明膠片…15g

1 把明膠片以外的材料混在一起煮沸，溫度下降至60℃後，放入明膠片，放置1天。使用時再次融化，用手持攪拌器攪拌，使其乳化後再使用。澆淋的時候，目標物必須是半解凍的狀態。如果在冷凍狀態下澆淋，鏡面淋醬會變成霧面。

3

溫度達到0℃之後，加入混合奶油和奶油，用手持攪拌器攪拌，再次讓材料乳化。

4 組合的時候，甘納許要隨時維持在34～36℃。

格瑞那達甘納許

材料

牛乳…604g
鮮奶油（35%）…201g
混合奶油…280g
奶油…280g
巧克力（自家公司自製可可·格瑞那達產可可65%）…1200g

1

融化巧克力。（這個巧克力裡面沒有添加乳化劑、香料）

2

把牛乳和鮮奶油混在一起煮沸，分3次倒進1的巧克力裡面攪拌，讓材料乳化。

4

倒進500g的格瑞那達甘納許抹平後，進行冷凍。

5

依照使用的尺寸進行切割，淋上鏡面淋醬，再進行裝飾。

2

重疊上兩面都抹上50g糖漿的彼士裘伊蛋糕體。把烘焙紙放在上面，然後用抹刀撫平表面，讓彼士裘伊蛋糕體完整密合。

3

從上面倒進500g的格瑞那達甘納許，用刮板抹平表面，重疊上兩面都抹上50g糖漿的彼士裘伊蛋糕體，再次鋪上烘焙紙，從上面輕壓，讓蛋糕體密合。

組合

巧克力彼士裘伊蛋糕體
格瑞那達甘納許
糖漿
鏡面淋醬

1

在彼士裘伊蛋糕體抹上50g的糖漿，然後在上面倒進500g的格瑞那達甘納許，再使用刮板抹平表面。

紅寶石荔枝

巧克力彼士裘伊蛋糕體

材料

47cm×37cm×高5cm的模型　1個

巧克力61%…100g
巧克力56%…176g
混合奶油…280g
奶油…280g
轉化糖…46g
杏仁粉…115g
糖粉…86g
低筋麵粉…138g
可可粉…46g
加糖蛋黃…（20%）
蛋白…230g
細砂糖…161g

- 紅寶石鏡面淋醬
- 紅寶石慕斯
- 醃漬葡萄柚
- 荔枝奶油醬
- 巧克力彼士裘伊蛋糕體
- 可可酥餅

這款商品是當初為了紅寶石巧克力的雜誌企劃所構思出來的，結果因為市場反應良好，所以便進一步商品化了。巧克力慕斯的溫度非常重要，搭配無糖打發鮮奶油的時候，慕斯的溫度是10℃，甘納許基底是32℃～33℃，完成後的溫度是24℃。紅寶石巧克力很難製作出漂亮的顏色，所以要盡量避免照射到光線，陳列擺設的時候，必須盡可能少量陳列。紅寶石巧克力和柑橘香氣十分契合，所以就試著搭配柑橘類的葡萄柚和荔枝的香氣。

1 糖粉、杏仁粉、低筋麵粉、可可粉過篩後混合。

2 巧克力隔水加熱融化，溫度達50℃後，依序加入奶油、混合奶油、轉化糖、加糖蛋黃攪拌，讓材料乳化。

3 分3次把砂糖加進蛋白裡面，製作蛋白霜。蛋白霜避免過度打發。把一半份量的蛋白霜放進2的鋼盆裡面，快速攪拌。

4 把1的粉末類材料倒入，用橡膠刮刀從鋼盆底部往上撈，把材料混合在一起。

5 加入剩餘的蛋白霜，用橡膠刮刀大範圍地混合攪拌。

6 把模型放置在舖有烘焙紙的烤盤上，倒入麵糊，用抹刀把表面抹平。

7 用190℃的烤箱烤8～10分鐘。

8 切成厚度6mm的片狀，再用直徑5公分的圓形圈模壓切出多個圓形。

紅寶石慕斯

材料

鮮奶油（35%）…40g
覆盆子果泥…30g
明膠片…0.2g
紅寶石巧克力…100g
Eau-De-Vie覆盆子…4g
鮮奶油35%（七分發）…50g

把鮮奶油和覆盆子果泥煮沸，放入用水泡
軟的明膠片，攪拌融化。

分2次把1的材料倒進融化的紅寶石巧克
力裡面，用打蛋器攪拌乳化。

醃漬葡萄柚

材料

粉紅葡萄柚…適量
DITA 荔枝香甜酒…100g
糖漿（波美30度）…100g

取下粉紅葡萄柚的果肉。把粉紅葡萄柚的
果肉放進容器，在波美30度的糖漿裡面加
入個人喜好份量的DITA荔枝香甜酒，差
不多淹過果肉的程度，浸漬一天。

粉紅葡萄柚浸漬一天後，把糖漿瀝掉，取
10g的果肉，鋪在圓形圈模裡面的荔枝奶
油醬（荔枝奶油醬的步驟4）上面，抹平
後，再次冷凍。

荔枝奶油醬

材料

加糖蛋黃（20%）…107g
鮮奶油35%…367g
砂糖…32g
明膠片…4.7g
DITA 荔枝香甜酒…36g

1　把蛋黃和砂糖混合在一起，然後加入煮沸
的鮮奶油，烹煮成安格列斯醬。（83℃～
84℃）

2　放入用水泡軟的明膠片融化，過濾。

3　過濾後，加入荔枝香甜酒，充分混拌。

4　彼士裘伊蛋糕體用圓形圈模壓切成型，然
後在上面倒上10g的奶油醬，進行冷凍。

可可酥餅

材料

奶油…500g
砂糖…500g
杏仁粉…500g
低筋麵粉…400g
可可粉…100g

1 把所有材料混合在一起，擀壓成3mm的厚度。

2 用適當尺寸的模型進行壓切，再用160℃的熱對流烤箱烤10～12分鐘。

紅寶石鏡面淋醬

材料

明膠片…2g
紅寶石巧克力…200g
牛乳…100g
甜味劑（HALLODEX）…200g
GOURMANDISE覆盆子…8g

1 把明膠片以外的材料混合煮沸，溫度下降至60℃後，放入明膠片靜置一天。使用時再次融化，然後用手持攪拌器攪拌，使其乳化後再使用。直接在慕斯冷凍的狀態下澆淋使用。

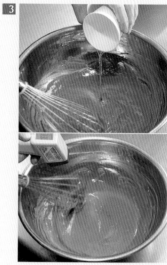

加入Eau-De-Vie覆盆子。（溫度約32℃～33℃）

混入七分發的鮮奶油。（完成後的溫度約24℃左右）

像是把中央餡料埋起來似的，再次擠上紅寶石慕斯，然後用抹刀抹平，進行冷凍。

脫模後，淋上鏡面淋醬，放在可可酥餅上面。

組合

材料

直徑7cm、深3.5cm的模型、
5個份的多連矽膠模

中央餡料（在圓形圈模裡面重疊巧
　　克力彼士裘伊蛋糕體、荔枝奶油
　　醬、醃漬葡萄柚，然後冷凍）
紅寶石慕斯
紅寶石鏡面淋醬
可可酥餅

把重疊在圓形圈模裡面的巧克力彼士裘伊
蛋糕體、荔枝奶油醬、醃漬葡萄柚脫模，
冷凍備用。

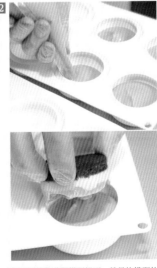

把慕斯擠進矽膠模型裡面，份量約模型的
一半左右，醃漬葡萄柚朝下，把中央餡料
放進模型裡面。

ケークスカイウォーカー
Cake Sky Walker

老闆兼甜點主廚　田中隆亮

主廚表示，他的目標是「只吃一個稍嫌不足，希望能再多吃幾個的蛋糕」。就如這句話所說，巧克力捲『甘斯柏』正是以溫和的味道為目標，整體充滿輕盈、鬆軟的印象。傑諾瓦士海綿蛋糕之所以不使用奶油，就是不希望蛋糕體的口感太過厚重，所以才會選擇精減油脂。取而代之的是，採用轉化糖來取代甜味，藉此製作出濕潤口感。另外，攪拌麵糊的時候，為了避免破壞氣泡，刻意用手進行混拌，而不使用橡膠刮刀等道具，藉此製作出更細膩的口感。烤箱使用熱對流烤箱，因為在過去任職的烘焙坊已經用慣了。因為熱風會流出，所以中途要改變2次方向，使烘烤更加均勻。內餡使用確實打發以避免空氣進入的鮮奶油，裝飾用的鮮奶油則調整成較柔滑的口感，這個部分也是重點所在。簡單卻又帶有亮點的視覺吸引了許多粉絲，也有很多美食愛好者因為看了SNS而親自上門品嚐。「比起複雜的結構，我更喜歡簡單易懂的蛋糕」，主廚表示。甘斯柏也是一樣，搭配與牛奶巧克力十分契合的AMARENA糖漬櫻桃，正因為組合簡單，所以更具魅力。

讓人『還想再吃』的輕盈味道與口感

Cake Sky Walker
■地址／兵庫県神戸市中央区中山手通4-11-7
■電話／078-252-3708
■營業時間／10:00～19:00
■公休日／星期一（如適逢星期假日，改隔日休）、不定期周一、二連休
■URL／https://www.facebook.com/CakeSkyWalker/

甘斯柏
500日圓（税外）

甘斯柏

諾瓦士巧克力海綿蛋糕

材料

35cm×49cm烤盤　3片

全蛋…1140g
細砂糖…720g
轉化糖漿（轉化糖）…42g
低筋麵粉…262g
可可粉…56g

金箔
AMARENA糖漬櫻桃
巧克力香緹鮮奶油

AMARENA糖漬櫻桃
傑諾瓦士巧克力海綿蛋糕

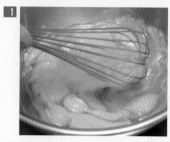

把所有雞蛋打進鋼盆，將雞蛋全部打散。

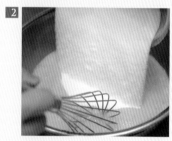

雞蛋打散後，加入細砂糖。

充分攪拌，使細砂糖融化。

不管是裝飾，或是海綿蛋糕裡面的內餡，全都使用AMARENA糖漬櫻桃的蛋糕捲。為避免海綿蛋糕太過厚重而採用可可粉，此外，香緹鮮奶油則是搭配可可量40%的牛奶巧克力。在前一天捲好，靜置一個晚上，藉此讓細緻的海綿蛋糕和香緹鮮奶油更加緊密、一致，融合出溫和的口感。就巧克力蛋糕捲的變化來說，還有另一款濃郁巧克力奶油和糖漬香橙的搭配組合。

用165℃的烤箱烤19分鐘。中途改變2次烤盤的方向。

烤出漂亮的烤色後，出爐，撕掉烘焙紙，在避免乾燥的情況下放涼。

巧克力香緹鮮奶油

材料

使用1/2片海綿蛋糕的份量

牛奶巧克力…80g
35％鮮奶油…80g
香緹鮮奶油…160g

香緹鮮奶油的材料
　35％鮮奶油…100g
　45％鮮奶油…50g
　細砂糖…9g
　櫻桃酒…2g

把香緹鮮奶油的材料混合備用。

把低筋麵粉和可可粉過篩，倒進 5 的攪拌盆裡面。

用手混拌，以避免破壞麵糊的氣泡。

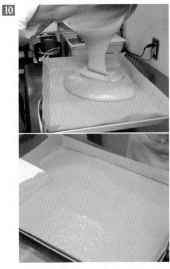

把烘焙紙鋪在烤盤上面，倒入麵糊，將表面抹平。

加入轉化糖，攪拌。

一邊維持人體肌膚程度的溫度，一邊用打蛋器持續攪拌。

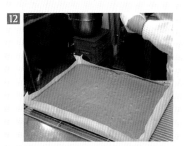

倒進攪拌盆，用高速攪拌。

呈現泛白，份量增加後，改用低速攪拌，使質地更穩定。

4

連同烘焙紙一起，從邊緣開始往內捲。

5

最後，插入長尺，讓蛋糕捲確實緊密，冷藏一晚。

6

切掉5的兩端，再切成3.5cm的寬度。

7

把香緹鮮奶油擠在上面。裝飾上切成四等分的糖漬櫻桃和金箔。

組合

1

用抹刀把巧克力香緹鮮奶油塗抹在傑諾瓦士巧克力海綿蛋糕的表面。

2

把AMARENA糖漬櫻桃切碎。

3

把糖漬櫻桃等距排列在1塗抹的鮮奶油上面，共排出4排。

2

把牛奶巧克力放進鋼盆，加入煮沸的牛乳，將牛奶巧克力和35%鮮奶油混拌。

3

讓2的材料冷卻一晚。照片中是冷卻凝固的狀態。

4

把1倒進3冷卻凝固的材料裡面攪拌。

パティスリー カメリア銀座
Patisserie
Camelia Ginza

甜點主廚　遠藤泰介

遠藤主廚因為嚮往「華麗的甜點競賽世界」，而選擇踏上甜點師的道路。在東京迪士尼度假區旁的『Pierre Hermé IKSPIARI』修業之後，進入「東京半島酒店」任職。在國內外的大小比賽獲獎無數，甚至更在甜點師大賽的最高榮耀「世界盃甜點大賽2016」的拉糖項目，獲得日本代表的參賽資格。2020年更首次參加了Salon du Chocolat Paris（巴黎巧克力沙龍展）。推出的法式巧克力千層酥大受好評，店內的蛋糕櫃也有滿滿陳列。反折千層巧克力派皮的奢華奶油香氣和酥鬆的入口即化口感，非常受歡迎。因為本身就很喜歡巧克力，所以店內也有很多使用巧克力製成的蛋糕。巧克力的製作看似簡單，事實上卻需要十分精湛的技術，必須充分掌握當時的濕度和溫度，才能夠製作出更穩定的品質。因為被這個部分所吸引，所以喜歡使用60%、70%等各種不同百分比的巧克力，藉此享受巧克力質地改變的樂趣，製作出各種不同個性的蛋糕。諾大的店內擺放著馬卡龍塔，宛如遊樂園般的氛圍令人感到興奮。擅長的巧克力馬卡龍也是人氣商品。

被巧克力的深奧所吸引，持續深入研究

Patisserie Camelia Ginza
■地址／東京都中央区銀座7-5-12ニューギンザビル8号館1階
■電話／03-6263-8868
■營業時間／平常日12:00～25:00　星期六、日、假日12:00～20:00
■公休日／不定期休假
■URL／https://patisserie-camelia.com/

C.H.O.C
未販売

巧克力焦糖法式千層酥

巧克力千層派

材料

60cm×40cm　1片

奶油酥皮（外層）

材料

奶油…435g
　偏硬的髮蠟狀
高筋麵粉…175g

巧克力馬卡龍
巧克力千層派
焦糖奶油醬
巧克力甜點奶油醬

2020年以巧克力職人身分參加巧克力沙龍展的展出。展出的巧克力千層派採用反折千層的派皮，奢華的奶油香氣和酥鬆入口即化的口感非常受歡迎。就巧克力職人的角度來說，這道甜點並不是把巧克力當成單一素材，而是由巧克力進化而成的甜點。奶油使用帶有乳香的發酵奶油。因為很喜歡巧克力，所以使用巧克力慕斯的商品很多。巧克力的製作步驟簡單，但是卻需要技術。有效管理溫度和濕度，才能製作出品質更加穩定的巧克力甜點。

1

把奶油和高筋麵粉混合在一起，充分攪拌均勻。

2

用保鮮膜包起來，放進冰箱靜置一晚。

5

用奶油酥皮把水麵團折疊包覆起來。將奶
油酥皮擀壓成3倍長度的長方形。水麵團
擀壓成2/3的長度，對齊內側，放置在奶
油酥皮的上面。

6

用奶油酥皮把水麵團包起來。接縫處朝下
放置。

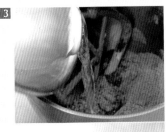

3

把1的材料逐次少量地倒入，一邊攪拌，
從攪拌盆內取出，搓揉彙整成團。

4

切出十字刀痕，讓麩質散開。像是從切口
撥開似的，把麵團攤平，用保鮮膜包起
來，放進冰箱靜置12小時。

巧克力水麵團（內層）

材料

高筋麵粉…166g
低筋麵粉…166g
可可粉…66g
鹽之花…15g
奶油…130g
白葡萄酒醋…3g
冷水…172g
鹽巴…適量
細砂糖…90g

1

把冷水、鹽巴和白葡萄酒醋混合在一起，
融化備用。溫度升高後，麵粉會變得比較
容易吸水，就會產生麩質，所以要多留意
水的溫度。

2

把過篩的低筋麵粉和高筋麵粉、奶油放進
攪拌盆，加入可可粉混拌。

10

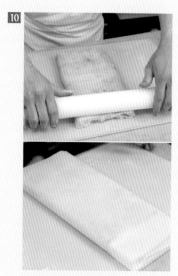

把折成4折的麵皮擀壓成20cm×40cm，這次折成3折，用烘焙紙緊密捲起來，放進冰箱靜置12小時。

11

把從冰箱裡面取出的麵皮擀壓成60cm×40cm的尺寸。

8

尺寸擀壓至20cm×40cm，折成4折。

9

把折成4折的麵皮擀壓成20cm×40cm，再次折成4折。

7

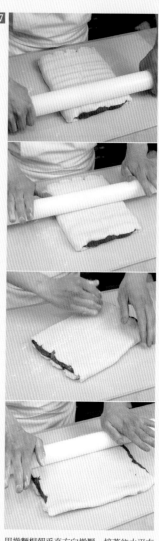

用擀麵棍朝垂直方向擀壓，接著往水平方向擀壓。為避免麵團沾在擀麵棍上面，基本上要撒點手粉，不過，手粉如果太多，烤的時候，麵皮容易剝離，所以要多加注意。

16

再次用170℃的烤箱烤10分鐘後，前後顛倒，再烤20分鐘。

17

從烤箱裡面取出後，翻面，全面撒上糖粉。把2片烤盤重疊在一起，以免底部烤焦。用220℃的烤箱烤6～7分鐘。

13

把烘焙紙鋪在60cm×40cm的烤盤上面，再將 12 的麵皮攤平在烘焙紙上面。

14

在上面撒滿細砂糖。通常都是在兩面撒上糖粉，再進行焦糖化，不過，這樣往往會變得黏黏的，口感不佳，所以這邊選用的是細砂糖。使用抹刀，把細砂糖均勻抹開。把預熱成180℃的烤箱溫度調降成170℃，烤10分鐘。

15

出爐後，在上面放置鐵網。因為派皮裡面有巧克力，出爐後的派皮會稍微隆起，所以要放在鐵網輕壓。

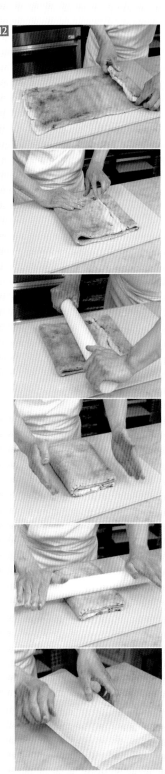

12

第二天折2次4折，第3天折1次3折。

把7的一半份量和2的巧克力混在一起。攪拌均勻後,再加入7剩下的材料混拌。

倒在烤盤上,放進冰箱冷卻。

巧克力奶油醬

材料

巧克力甜點奶油醬…1000g
鮮奶油(38%)…250g

1　把巧克力甜點奶油醬和八分發的鮮奶油混合在一起。

把1的牛乳分2次倒進4的基底裡面。

過濾到鍋子裡面,一邊攪拌,一邊開小火烹煮。因為裡面有添加玉米澱粉,所以會比一般的低筋麵粉更濃稠,如果沒有確實攪拌,就可能產生結塊,所以要多加注意。溫度達到60℃後,把鍋子從火爐上移開。

倒進攪拌盆,冷卻後,放進奶油攪拌。之所以在低於60℃的溫度下放進發酵奶油,是為了避免發酵奶油過熱。

巧克力甜點奶油醬

材料

牛乳…700g
香草莢…0.7支
蛋黃…210g
細砂糖…133g
玉米澱粉…49g
低筋麵粉…21g
奶油…70g
Extra Amer(Valrhona)67%
　…300g

把牛乳和香草莢放進鍋裡,充分攪拌烹煮。

Valrhona的巧克力用微波爐融化。

把一部分砂糖和低筋麵粉、玉米澱粉混合過篩。

把細砂糖和蛋黃混在一起。接著倒入3的材料混拌。

組合

材料

千層派皮
巧克力奶油醬
焦糖奶油醬
巧克力馬卡龍
金箔

將千層派皮切片，在上面交替擠上巧克力奶油醬和焦糖奶油醬。

在上面重疊千層派皮，再次交替擠上巧克力奶油醬和焦糖奶油醬，再重疊上一片千層派皮。最後，在最上面裝飾上預先備好的馬卡龍和金箔。

倒入蛋黃。直到溫度達到80℃。

放進明膠片，明膠片確實融化後，一邊過濾，使質地變得柔滑，隔著冰水冷卻。

焦糖奶油醬

材料

細砂糖…90g
牛乳…170g
鮮奶油35％…170g
蛋黃…100g
明膠片…7g
35％鮮奶油（打發起泡）…100g

把牛乳和鮮奶油加熱。奶油醬冷卻後，焦糖會凝固，所以要維持溫熱的程度。

一邊添加少量的細砂糖，製作焦糖。

把1的溫熱奶油醬逐次倒入攪拌，直到煮沸。

無麵粉巧克力蛋糕體

材料

33cm×24cm的方形模　1片

奶油…130g
細砂糖…60g
可可粉…9g
蛋黃…71g
全蛋…50g
MANJARI（Valrhona）…155g

蛋白霜
蛋白…230g
細砂糖…83g
乾燥蛋白…7g

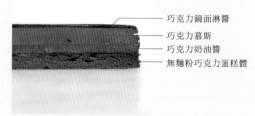

巧克力鏡面淋醬
巧克力慕斯
巧克力奶油醬
無麵粉巧克力蛋糕體

考量到銀座這個地理位置的客層，於是便以經典為基底，再加上些許個人的獨創，製作出全新古典風格。例如，希望製作外觀一看就懂的美味巧克力蛋糕，所以就改變巧克力的質地，製作出可完整享受巧克力的蛋糕。按照各部件改變可可的百分比，慕斯70％、巧克力醬66％、麵糊60％，入口即化的口感、軟硬度的差異等，形成多變層疊的美味。之所以大膽採用傳統的三角造型，是因為只要加上味道的全新要素，就能變得充滿時尚。朝不同方向插入的薄透巧克力片，隨著光線的折射，展現出透亮可見的漸層，表現出新穎風格。

1 奶油放置軟化，加入混合備用的細砂糖和可可粉，攪拌。

2 把全蛋和蛋黃混在一起，預先加熱至30℃備用。

3 把加熱至40℃的巧克力（一半份量）倒進1的攪拌盆裡面攪拌。因為奶油和雞蛋容易分離，所以要加入巧克力。

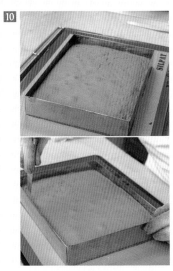

把預熱至190℃的烤箱調整成180℃，烤10分鐘。從烤箱內取出後，趁溫熱的時候，插入小刀切開模型和麵團之間。

分2次，把蛋白霜放進預先溫熱的6的材料裡面。剛開始用打蛋器混拌，之後改用橡膠刮刀，一邊轉動鋼盆，一邊從底部大幅度地混拌。避免太過凝固。硬度就跟製作巧克力慕斯時的麵糊差不多。

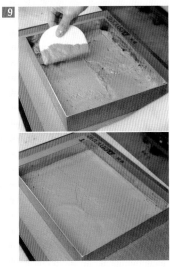

把模型放在鋪有矽膠墊的烤盤上面，把麵糊倒入，用刮板抹平表面。

接著加入2的材料（一半份量）攪拌。

把剩餘的巧克力全部倒入攪拌。

把2剩餘的材料倒入攪拌。轉移到鋼盆，和蛋白霜混合的時候，要預先加熱至40℃。

用蛋白、乾燥蛋白、細砂糖，製作出11分發的蛋白霜。

巧克力慕斯

材料

細砂糖…59g
水…22g
全蛋…50g
蛋黃…72g
GUANAJA（Valrhona）…177g
鮮奶油（35%）…288g

1

把蛋黃和全蛋混在一起，加熱至35℃～
40℃。

2

把1的材料倒進攪拌機攪拌。炸彈麵糊通
常只用蛋黃製作，而這裡則是加入全蛋，
藉此增加更多空氣的類型。

3

在溫度降到80℃的時候，放入用水泡軟的
明膠，確實融化。

4

把鍋子從火爐上移開，一邊過濾，和巧克
力混合。用打蛋器快速攪拌後，隔著冰
水，用橡膠刮刀一邊攪拌，使溫度下降。
避免巧克力完全融化。如果完全融化，巧
克力結晶的時間就比較久。

巧克力奶油醬

材料

牛乳…92g
鮮奶油（35%）…192g
細砂糖…52g
蛋黃…116g
CARAQUE（Valrhona）…138g
明膠…1.5g

1

把一半份量的牛乳和鮮奶油、砂糖、蛋黃
混在一起攪拌。

2

把剩餘的牛乳、鮮奶油、砂糖放進鍋裡加
熱，加入1的材料，烹煮至83℃。

巧克力甘納許

材料

巧克力（70％）…70g
鮮奶油（35％）…90g

1 把鮮奶油和巧克力混合在一起。

在避免擠壓氣泡的狀態下，加入炸彈麵糊。

呈現大理石狀時，加入剩餘的七分發鮮奶油，剛開始用打蛋器粗略混拌，確實混合之後，改用橡膠刮刀，從底部大幅度混拌。

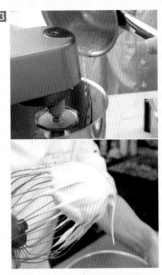

確實打發之後，加入溫熱的糖漿攪拌。

把鮮奶油製成七分發。把GUANAJA融化，和三分之一份量的七分發鮮奶油混合。如果直接和鮮奶油混合，會變得比較僵硬，所以要先將溫度調至45℃，直到呈現出光澤的程度。

4

冷卻後，放入用水泡軟的明膠片，攪拌融化。

2

把水和細砂糖熬煮成120度的糖漿，倒進1的材料裡面。煮沸後，加入可可粉攪拌。

3

再次煮沸。煮沸後，把鍋子從火爐上移開，過濾，過濾後，讓鋼盆接觸冰水，持續攪拌至冷卻。

巧克力鏡面淋醬1

材料

細砂糖…200g
水…100g
鮮奶油（35%）…170g
轉化糖…25g
水飴…85g
可可粉…65g
明膠片…10g

1

把鮮奶油、轉化糖、水飴放進鍋裡加熱。

凝固後，從上面倒入巧克力慕斯，用抹刀抹平表面後，冷卻凝固。

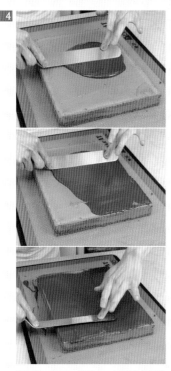

凝固後，脫模，薄塗上一層巧克力甘納許，冷卻。

組合

無麵粉巧克力蛋糕體
　巧克力奶油醬
巧克力慕斯
巧克力甘納許
巧克力鏡面淋醬〈1〉
巧克力鏡面淋醬〈2〉
金箔

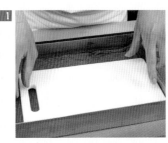

把砧板放在烤好的無麵粉巧克力蛋糕體上面按壓，讓稍後倒進模型的巧克力奶油醬能夠遍及每個角落，同時更加地均勻、平坦。

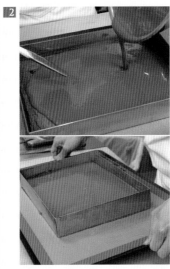

把巧克力奶油醬倒在無麵粉巧克力蛋糕體的上面。抬起模型，一邊傾倒模型，讓巧克力奶油醬均勻擴散。連同模型一起冷卻凝固。

巧克力鏡面淋醬2

淋醬巧克力…200g
GUANAJA…80g
沙拉油…20g
杏仁碎…100g

淋醬巧克力和巧克力融化後，加入沙拉油和杏仁碎（烘烤過的種類）。

5

凝固後，淋上巧克力鏡面淋醬〈1〉。

6

凝固後，切塊，並使用竹籤，在側面沾上
巧克力鏡面淋醬〈2〉。

7

將裝飾用的巧克力片隨機插在上面。裝飾
上金箔。

マビッシュ
ma biche

老闆兼主廚　村田　博

坐落在以高級住宅區而聞名的盧屋，大量的禮品需求便是該地區的特色所在。基本的法式巧克力蛋糕是該店不分季節的暢銷商品，這次介紹的覆盆子法式巧克力蛋糕是村田主廚經常帶到學習會等集會場合作為紀念品的改良版。正常來說，放進麵糊裡面烤的果醬內餡會沉到底部，不過，村田主廚的覆盆子內餡則是位在正中央，那是因為村田主廚先把巧克力蛋糕烤好，再把那個巧克力蛋糕切開，以三明治的形式夾上果醬內餡，然後再將其放進更大的模型裡面，再倒入相同的麵糊進一步烘烤的關係。因此，果醬的水分不會流失，才能呈現出濕潤口感。另一個碎石巧克力蛋糕是，用相同模型製作出多種不同時尚尺寸的熱門商品。使用大量的烤夏威夷豆，可充分享受其酥脆口感。使用的巧克力全都選用味道清爽的種類。「雖然使用的份量不多，不過，味道會因為可可粉而有不同，所以我會盡量選用優質且酸味鮮明的種類」。除了巧克力之外，其他材料的運用也十分巧妙，可說是十分重視整體的協調。

追求巧克力與其他材料的協調

ma biche
■地址／兵庫県芦屋市大原町20-24 テラ芦屋 1階
■電話／0797-61-5670
■營業時間／10:00～19:00
■公休日／星期二、星期三
■URL／https://www.facebook.com/mabiche.ashiya/

覆盆子法式巧克力蛋糕
1塊480日圓（稅外）

碎石巧克力蛋糕
2000日圓（税外）

覆盆子法式巧克力蛋糕

法式巧克力蛋糕（內側）

材料

直徑11cm的圓形圈模　4個

巧克力（56%）…142.5g
無鹽奶油…114g
鮮奶油（42%）…57g

蛋黃…137g
細砂糖…125.5g
海藻糖…20g

蛋白…205.5g
細砂糖…114g
海藻糖…20g

低筋麵粉…40g
可可粉…91g

覆盆子果醬…180g

—— 覆盆子粉
—— 法式巧克力蛋糕
—— 覆盆子果醬

先用小模型烤出巧克力蛋糕，用那個巧克力蛋糕將果醬夾起來，再進一步將其放進較大模型裡面，再用相同的麵糊包覆烘烤。因為覆盆子果醬是先夾心再烘烤，所以果醬的水分會滲入麵糊裡面，呈現出濕潤口感，這也是這款商品的魅力所在。可可粉盡可能挑選能感受到酸味、味道清爽的種類，巧克力則選擇餘韻清爽的種類。表面色澤鮮豔的覆盆子粉，給人美麗且高貴的印象，相當符合追求高雅的客戶群。

1 把巧克力放進鋼盆，隔水加熱融化，調溫至45～50℃。

2 把蛋黃、細砂糖和海藻糖放進攪拌盆，混合後，用高速進行攪拌。確實打進空氣，直到份量減少。

3 把蛋白放進另一個攪拌盆，加入1/3份量的細砂糖和海藻糖，用低速攪拌融化。把速度改成中速，倒入剩餘一半份量的細砂糖和海藻糖。確認狀態呈現較稀且有氣泡的狀態後，再加入剩餘的細砂糖和海藻糖攪拌。

4 把恢復至常溫的無鹽奶油放進 1 的鋼盆裡面，融化混拌。

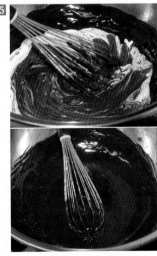

5 進一步加入鮮奶油，用拌打器確實攪拌，直到產生光澤。

6 把 2 的材料一口氣倒入，用拌打器混合攪拌。

7 加入過篩的低筋麵粉和可可粉。

8 加入粉末類材料後，搓揉攪拌。

9 加入 3 的材料。首先，加入1/3份量，用拌打器確實攪拌。

10 把 3 剩下的材料倒入，用攪拌器輕柔攪拌。

11 攪拌均勻後，改用橡膠刮刀，一邊轉動鋼盆，確實攪拌。

12 分別把200g的麵糊倒進放在烘焙墊上面的圓形圈模裡面。

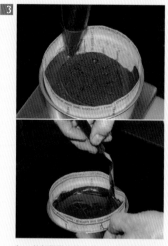

③ 把1的麵糊裝進擠花袋，從蛋糕體的周邊擠入，使用抹刀或竹籤，加快作業，讓麵糊更快速地流入底部。

④ 用155℃的烤箱烤60分鐘左右。

覆盆子果醬

材料（入料量）

覆盆子（冷凍）…500g
細砂糖…400g
果膠…10g
水飴…25g
檸檬汁…8g
Eau-De-Vie覆盆子…7g

1 把Eau-De-Vie覆盆子以外的材料放進銅鍋，煮沸2分鐘後，關火。

2 加入Eau-De-Vie覆盆子，用手持攪拌機攪拌。

3 放進冰箱冷藏一晚。

裝飾

1 把覆盆子粉放進濾茶器，過篩到蛋糕體表面，在中央裝飾上小卡。

⑮ 在作為底部的蛋糕體上面擠上螺旋狀的覆盆子果醬。再用另一片蛋糕體夾起來，輕輕按壓。

法式巧克力蛋糕（外側）

材料

巧克力（56％）…114g
無鹽奶油…91.2g
鮮奶油（42％）…45.6g
蛋黃…109.6g
細砂糖…100.4g
海藻糖…16g
蛋白…164.4g
細砂糖…91.2g
海藻糖…16g
低筋麵粉…32g
可可粉…72.8g

1 製作方法和內側蛋糕體的製作步驟相同。
※內側1～9的步驟都相同。

2 把直徑12cm的圓形圈模擺在烘焙墊上面，將內側蛋糕體放進模型裡面。

⑬ 用155℃的烤箱烤60分鐘左右。

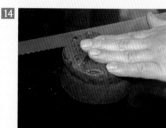

⑭ 從烤箱裡面取出，放涼後，把表面整平，橫切成對半。

碎石巧克力蛋糕

碎石巧克力蛋糕

材料

長20cm×寬5cm×高5cm的模型
3個

全蛋…120g
細砂糖…120g
巧克力（56%和61%
　　各一半份量）…180g
發酵奶油…150g
低筋麵粉…75g
泡打粉…3g
杏仁粉…90g
鹽巴（鹽之花）…0.5g
夏威夷豆…120g
巧克力（64.5%）…30g

－脆糖夏威夷豆

－雅馬邑白蘭地甘納許

－淋醬巧克力

－碎石巧克力蛋糕

時尚的尺寸感和美麗的裝飾，令人印象深刻。混進麵糊
裡面的大量夏威夷豆，因為確實烘烤上色，所以香味更
勝，同時又能有柔軟口感。擠在頂端的甘納許使用大量
的白蘭地。以經典食譜為基礎，再配合氣密性較高的烤
箱，調整麵糊的配方、混合方法和烘烤時間，重視整體
的協調感。

1

模型抹上奶油，用濾茶器撒上高筋麵粉，
冷卻備用。

2

夏威夷豆用50℃的烤箱烤20分鐘，切成略
粗的碎粒。

3

把巧克力放進鋼盆，隔水加熱融化，調溫
至45℃。

淋醬巧克力

材料

淋醬巧克力…200g
巧克力（61%）…56g
榛果巧克力（Gianduya）…56g
太白芝麻油…15g
杏仁1/16切片（烤）…適量

1 把淋醬巧克力、巧克力、榛果巧克力放進鋼盆，隔水加熱融化。

2 加入太白芝麻油攪拌。

3 加入杏仁片攪拌。

8

加入奶油後，再加入岩鹽攪拌。

9

分2、3次，把過篩的低筋麵粉加入，攪拌。

10

把巧克力片和2的夏威夷豆倒進9的材料裡面，用橡膠刮刀攪拌。

11

把麵糊倒進模型裡面，拍打模型底部，確實排出空氣。用165℃的烤箱烤30分鐘。出爐後，放置一晚。

4

把發酵奶油放進鋼盆，隔水加熱融化。

5

把全蛋放進另一個鋼盆，一次放入細砂糖融化。隔水加熱，持續攪拌，調溫至45℃。

6

把5的1/5份量倒進3的巧克力裡面。因為會分離，所以要用拌打器攪拌。這個步驟要重複4、5次。

7

分3次，把4的發酵奶油倒進6的材料裡面，快速攪拌。

脆糖夏威夷豆

材料

夏威夷豆（烤）…200g
水…30g
細砂糖…100g
岩鹽…適量

把水和細砂糖放進銅鍋裡加熱。

產生細小氣泡，出現光澤後，一口氣倒入全部的夏威夷豆。

用木鏟充分混拌，讓空氣進入，出現結晶化後，加入1撮岩鹽。底部的砂糖融化後，把火關掉，持續攪拌直到冷卻。

用打蛋器攪拌，讓材料乳化。

溫度呈現40℃後，加入切成方塊的冷卻奶油。稍微放置，讓奶油慢慢融化，再用攪拌器攪拌。

加入白蘭地攪拌後，倒進調理盤，靜置8小時以上後使用。

雅馬邑白蘭地甘納許

材料

鮮奶油（35%）…100g
轉化糖…27g
無鹽奶油…44g
巧克力（61%）…167g
雅馬邑白蘭地…27g

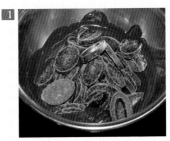

把巧克力放進鋼盆，隔水加熱融化。

把鮮奶油和轉化糖放進鍋裡，加熱煮沸。

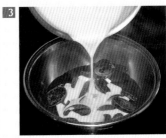

關火，倒進1的巧克力裡面，大約放置1分鐘左右，讓材料融合

組合

把碎石巧克力蛋糕放在鐵網上，從上方澆淋淋醬巧克力。放進冰箱冷卻凝固。

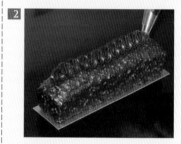

把蛋糕轉移到紙盤上面，擠上雅馬邑白蘭地甘納許。

裝飾上脆糖夏威夷豆。

マ・プリエール
Ma Prière

老闆兼主廚　猿舘英明

正對三鷹車站附近充滿朝氣的大街的這家店，高掛著「巧克力甜點專賣店」的旗幟，店內陳列了30種蛋糕、50種烘焙甜點、100種以上的糖果巧克力。猿館主廚在法國諾曼第地區的「DENOU」、「ROUAULT」和巴黎的「Maison Chaudun」累積經驗，於2006年開業。2014年更在C.C.C. Selection Japon以日本人最高分98分榮獲五顆星，擁有業界公認的巧克力技藝，同時也非常擅長技巧的運用。至今使用過的調溫巧克力多達160種以上，幾乎全部的新作也都有採用巧克力。靈感的基礎就在於龐大的可可相關知識。「我會先試吃，然後再思考怎麼運用素材的個性。我會在腦中進行拼裝組合，想像香氣和味道的重疊，再來評估是要直接使用單品，或是搭配多種巧克力，以達到相乘效果」。

店內除了無麩質商品，以及專為對雞蛋或小麥等過敏體質設計的商品之外，因為最近健康意識抬頭的關係，「低熱量」的商品也十分受到矚目。部分巧克力商品或餅乾等烘焙甜點，也都把細砂糖換成糖吸收比較穩定的巴拉金糖（Palatinose），以滿足更多不同的需求。

探究素材的個性，挑戰巧克力的無限可能

Ma Prière
■地址／東京都武藏野市西久保2-1-11バニオンフィールドビル1階
■電話／0422-55-0505
■營業時間／10:00～19:00
■公休日／不定期休假
■URL／https://www.ma-priere.com/

阿提米絲
690日圓（税外）

Harmonie（調和）

520日圓（稅外）

阿提米絲

巧克力蛋糕

材料

8取烤盤 2個

可可塊…40g
苦味巧克力（多明尼加產，
　　可可62%）…260g
發酵奶油…525g
細砂糖…250g
蛋黃…525g
細砂糖…275g
米粉…550g
可可粉…25g

覆盆子鏡面淋醬
覆盆子
巧克力
覆盆子果凍
覆盆子巧克力慕斯
覆盆子果粒果醬
香草布蕾
覆盆子果粒果醬
杏仁碎粒
巧克力蛋糕

把酸甜滋味的果凍和果粒果醬、香草布蕾封在覆盆子慕斯裡面。慕斯的巧克力和香草布蕾的香草全都使用馬達加斯加產。無麩質商品之一。由於米粉不含麩質，所以出爐時的口感比較輕盈，和巧克力慕斯的搭配十分契合。巧克力蛋糕更換了巧克力，達到更有效的應用。10年前就開始提供這款商品了，不過，仍在不改變外觀的情況下，持續更新食譜，香草布蕾當初是用烤的，但是，現在為了讓狀態更穩定，所以改成添加寒天，使材料凝固的方法。由於店內也會將所有商品分類，所以每兩年就會重新檢視一次食譜。

1

把可可塊和苦味巧克力混在一起，融化後，調溫成32℃。如果低於30℃，最後就會呈現泛白，所以要多加注意。

2

把蛋黃和細砂糖放進攪拌盆，為避免結塊，用手攪拌後，用中速攪拌。

9

攪拌完成的狀態。

10

把9的材料倒進舖有烘焙紙的烤盤內,將表面抹平。用上火170℃、下火135℃的烤箱烤20分鐘。

11

出爐後,放冷,切成4.5cm的方形。

6

首先,把3的1/3份量倒進鋼盆裡面攪拌。

7

呈現大理石狀後,把所有剩餘的部分倒入,從鋼盆底部翻攪均勻。

8

一邊攪拌7的材料,一邊把混合過篩的米粉和可可粉倒入。

3

攪拌均勻後,改用低速,攪拌2分鐘,調整質地。

4

和步驟2同時進行,把細砂糖倒進20℃左右的髮蠟狀發酵奶油裡面攪拌。

5

把1倒進4的材料裡面攪拌,讓內部充滿空氣。

把7倒進食物調理機，加入融化成50℃的苦味巧克力攪拌，讓材料乳化。

用攪拌器把鮮奶油打成6分發。

將整體充分混拌。

把5倒進鍋子，加熱至84℃。

把6倒進鋼盆，隔著冰水冷卻。讓溫度下降至36℃～38℃左右。

覆盆子巧克力慕斯

材料

5cm×5cm×5cm　54個

鮮奶油…228g
覆盆子果泥…228g
蛋黃228g
細砂糖…228g
苦味巧克力（馬達加斯加產，
　可可64%）…554g
鮮奶油（35%）…1104g

把少量的細砂糖倒進鮮奶油裡面，煮沸。如果加入太多細砂糖，加熱時，就不容易產生薄膜。

把蛋黃和1剩餘的細砂糖倒進鋼盆裡面攪拌。

加入煮沸的覆盆子果泥攪拌。

把1的材料倒入。

把鮮奶油放進鍋裡，把2的材料倒入，用中火一邊攪拌，一邊加熱，直到產生濃稠感為止。

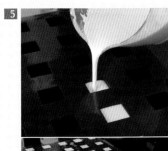

倒進調理盆，用手持攪拌器攪拌至柔滑狀態。

倒進模型裡面，表面用保鮮膜蓋起來，放進冷凍庫冷卻凝固。

香草布蕾

材料

多連矽膠模1個（54個）

鮮奶油（40%）…1100g
蛋黃…160g
細砂糖…110g
香草（馬達加斯加產）…1/2支
寒天…40g

把寒天和細砂糖混在一起，攪拌。

把從香草莢裡面取出的香草籽和蛋黃混在一起，倒入1的材料。

把8的材料倒進鋼盆，再把9的鮮奶油分2次倒入，攪拌。

完成後的溫度大約是25℃～22℃。

組合

把覆盆子果粒果醬（平均每個約2g左右）填入冷卻凝固的香草布蕾的凹洞裡面，將表面抹平。

把覆盆子果粒果醬（平均每個約4g左右）塗抹在分切好的巧克力蛋糕上面。

覆盆子果凍

材料（入料量）

覆盆子果泥…1000g

A
海藻糖…25g
細砂糖…70g
明膠（粉）…46g

1 用鍋子把覆盆子果泥煮沸，加入A材料攪拌。

裝飾

杏仁碎粒（8切）
覆盆子
鏡面果膠
馬卡龍（香草）
巧克力裝飾
金箔噴霧

覆盆子果粒果醬

材料（入料量）

覆盆子果泥…500g
細砂糖…500g
海藻糖…150g
整顆的覆盆子…250g

1 把材料混合在一起，用小鍋子烹煮至104℃，再倒進調理盤，放涼。

覆盆子鏡面淋醬

材料（入料量）

A
覆盆子果泥…8g
水…170g
細砂糖…375g
水飴…375g

B
煉乳…250g
明膠粉…29g
水（礦泉水）…145g
色素（紅／草莓）…適量
色素（紅／覆盆子）…適量
色素（黑）…適量

1 把A材料混合，用鍋子煮沸。加入B材料混合，倒進容器裡面，放涼。放進冰箱冷卻凝固。

把 6 放在紙盤上，在下緣部分裝飾上杏仁碎粒。

在上方噴上金粉噴霧。

裝飾上馬卡龍（香草）、覆盆子、巧克力。

脫模，把覆盆子果凍（平均每個約8g左右）填進慕斯的凹陷抹平，放進冷凍庫冷卻凝固。

覆盆子鏡面淋醬把使用的份量倒進調理盆，調溫成28℃。淋上鏡面淋醬。

把覆盆子巧克力慕斯（平均每個約54g左右）擠進多連矽膠模。使用抹刀把麵糊塞進角落，避免空氣進入。

把 1 塞進覆盆子果粒果醬的那一面朝下，塞進中央，將慕斯抹平。2 也是讓塗抹覆盆子果粒果醬的那一面朝下，重疊在上面，冷卻凝固。

Harmonie（調和）

Harmonie
66個（切片，48cm×33cm×5cm）

巧克力彼士裘伊蛋糕體

材料

1片700g　3片

杏仁粉（Marcona品種）…235g
杏仁粉（Camel品種）…235g
中筋麵粉…125g
轉化糖…377g
全蛋…690g
蛋白…407g
細砂糖…64g
焦糖風味的調溫巧克力
　　（可可31%）…70g
可可奶油…17g

- 巧克力飾片
- 糖漬香橙
- 橙酒打發甘納許
- 巧克力彼士裘伊蛋糕體
- 楊桃鳳梨甘納許
- 百香果黃酸棗甘納許
- 抹面

全面使用巧克力的同時，「希望製作出成人風味的蛋糕」，因而有了這個提案。使用6種甜露酒（檸檬甜露酒2種、鳳梨甜露酒2種、百香果甜露酒、干邑橙酒），在酒糖液的作業步驟中，把糖漿塗抹在蛋糕體之後，僅將甜露酒薄塗於表面，就能增添香氣，同時讓味道更有深度，充滿餘韻。水果、巧克力和香甜酒層層堆疊的同時，再用干邑橙酒的風味調和整體，因而命名為「Harmonie（調和）」。百香果、黃酸棗、楊桃、鳳梨，全都採用巴西產的水果。使用珍貴食材的時候，大多都是和熟悉的食材搭配組合，這次則是搭配鳳梨，製作出比較容易親近的味道。白巧克力的結晶化要花上24小時，因此，必定要歷經靜置的作業過程。

1 把2種杏仁粉和中筋麵粉混合過篩備用，裝在乳化攪拌機上面。

2 把全蛋打散，加熱至人體肌膚程度，讓材料更容易乳化。和轉化糖混在一起，倒進1的攪拌機裡面，持續攪拌直到呈現柔滑的緞帶狀。

酒糖液①

材料

彼士裘伊蛋糕體	1片

A
糖漿…90g
檸檬酒（ALSACE KEVA）…20g
檸檬酒（LUXARDO
　　Limoncello）…10g

百香果甜露酒（KINGSTON）…10g

1 把A材料混合在一起。百香果甜露酒備用。

酒糖液②

材料

彼士裘伊蛋糕體	2片

A
糖漿…180g
檸檬酒（ALSACE KEVA）…40g
檸檬酒（LUXARDO
　　Limoncello）…20g

鳳梨甜露酒…20g

1 把A材料混合在一起。鳳梨甜露酒備用。

楊桃鳳梨甘納許

材料

楊桃果泥（Carambola）…187.5g
鳳梨果泥（Abacaxi）…62.5g
水飴…12.5g
細砂糖…75g
調溫巧克力（可可37%）…522.5g
鳳梨酒（LE VOLCAN Ananas）
　…12.5g

1 把楊桃果泥、鳳梨果泥放進鍋裡煮沸。

2 用鍋子加熱水飴和細砂糖，製作焦糖。加入1的材料，鎖色，充分攪拌，避免細砂糖結塊。

3 把融化的調溫巧克力和2的材料放進鋼盆，充分混合攪拌後，用乳化攪拌機攪拌至乳化。加入鳳梨酒，進一步攪拌均勻。

把5的麵糊倒進鋪有烘焙墊的烤盤上，將表面抹平。

用200℃的熱對流烤箱烤6分鐘。出爐後，放置冷卻。

抹面

材料（入料量）

焦糖風味的調溫巧克力
　（可可31%）…200g

糖漿

礦泉水…250g
細砂糖…45g

1 把材料混合，加熱後冷卻。

把蛋白和細砂糖倒進攪拌盆，用中速打發起泡後，改用低速，打發2分鐘。以宛如鳥喙般的尖角狀態為標準。

把2的材料倒進鋼盆，分2次加入3的攪拌盆裡面，在避免擠破氣泡的狀態下混合攪拌。

把焦糖風味的調溫巧克力和可可奶油融化混合。把4的材料少量加入，攪拌均勻後，再倒進4的材料裡面混拌。

依序把冰冷的鮮奶油（40％）、干邑橙酒
Extract 50°加入 2 的調理盆裡面攪拌。

以排出空氣的方式，用保鮮膜加以覆蓋，
放進冰箱靜置24小時。

把 4 打成七分發。

加入百香果油，進一步攪拌均勻。

橙酒打發甘納許

材料

鮮奶油（32％）…400g
轉化糖…40g
水飴…40g
調溫巧克力（可可37％）…180g
鮮奶油（40％）…540g
干邑橙酒Extract 50°…60g

把鮮奶油（32％）、轉化糖、水飴放進鍋
裡加熱。不需要過度攪拌，大約攪拌個3
下，糖分自然融化後，會在鍋底形成薄
膜，就不容易焦黑。

把 1 的材料倒進裝有調溫巧克力的調理
盆，攪拌使材料融化。

百香果黃酸棗甘納許

材料

百香果果泥（maracujá）…125g
黃酸棗果泥（Taperebá）…125g
水飴…12.5g
細砂糖…75g
調溫巧克力（可可37％）…522.5g
百香果甜露酒（KINGSTON）
　…12.5g
百香果油（Delsur）…2.5g

用鍋子加熱水飴和細砂糖，製作焦糖。加
入煮沸的百香果果泥和黃酸棗果泥，鎖
色，充分攪拌，避免細砂糖結塊。

把融化的調溫巧克力和 1 的材料放進鋼
盆，充分混合攪拌後，用乳化攪拌機攪拌
至乳化。

在6的上面重疊1片彼士裘伊蛋糕體，使用鐵板等道具，將表面壓平。

全面抹上酒糖液②的糖漿。

糖漿抹完之後，在表面薄塗鳳梨甜露酒。

把酒糖液①的糖漿塗抹在塗有抹面的蛋糕體上面。塗抹完畢後，抹上百香果甜露酒。

徹底薄塗在蛋糕體的表面。

把百香果黃酸棗甘納許倒在5的上面，抹平。

組合

拿出1片底部使用的彼士裘伊蛋糕體，用48cm×33cm的方形模取模。

把抹面（把焦糖風味的調溫巧克力（可可31%）融化）塗抹於蛋糕體。放進冰箱冷藏3分鐘左右，使巧克力凝固。

巧克力凝固後，將蛋糕體上下翻面，切掉超出方形模的蛋糕體。剩下的2片蛋糕體也裁切成相同尺寸。

17

撒上糖粉（份量外）。

18

裝飾上切成細條的糖漬香橙。

19

裝飾上巧克力顆粒、巧克力飾片（份量外）。

13

蓋上保鮮膜，放進冰箱冷卻凝固。

14

把剛打發完成的橙酒打發甘納許倒在13的上面。

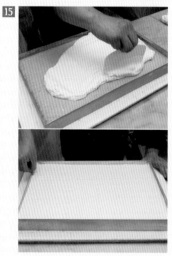

15

將整體抹平。

16

把15分切成2.9cm×7.8cm，把蛋糕模捲起來，擠上橙酒打發甘納許。

10

把楊桃鳳梨甘納許倒在9的上面，抹平。

11

在10的上面重疊1片彼士裘伊蛋糕體，壓平。

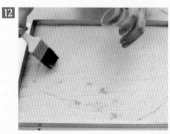

12

抹上酒糖液②的糖漿和甜露酒。

アン グラン
UN GRAIN

甜點主廚 **昆布智成**

『UN GRAIN』是專賣小點心的蛋糕專賣店。店內有吧檯，也可以享受甜點。昆布主廚是福井16代和菓子店的長男。某天吃了『Au Bon Vieux』的甜點，深感震撼，於是便親自登門，表示希望在河田主廚身邊學習。之後，在『Pierre' Herme Salon de The'』學習，接著前往法國。在巴黎的『L'Atelier de Joël Robuchon』學到了追求美味的嚴格態度。巧克力技術是在『Pierre' Herme Salon de The'』習得。被巧克力的無限可能與處理難度所深深吸引。現在最信賴的是『CACAO HUNTERS』的巧克力。這次介紹的「迷你巧克力」是以『CACAO HUNTERS』的SIERRA NEVADA作為主角。專為情人節構思的甜點「誘惑巧克力」也非常受歡迎，使用的巧克力也是SIERRA NEVADA。

店內的蛋糕櫃陳列有小蛋糕、烘焙甜點、砂糖甜點等約40種商品，同時也會依照季節做出改變。巧克力甜點有時約佔整體的三分之一。相對於巧克力，大多都是搭配草莓醬或是草莓、覆盆子的果泥。現在，『CACAO HUNTERS』的巧克力已經成為昆布主廚創造新作的動機所在。今後他也將持續探究、創作，跨越洋菓子、和菓子的屏障。

迷戀上巧克力，同時也是蛋糕櫃的主角

UN GRAIN
■地址／東京都港区南青山6-8-17 プルミエビル1階
■電話／03-5778-6161（店舗直通）
■營業時間／11:00～19:00
■公休日／星期三
■URL／https://www.ungrain.tokyo/
※如有吧檯內用需求，請先來電確認。

迷你巧克力
MIGNARDISE

誘惑巧克力
單盤甜點（不定期）附飲料
2000日圓～（含稅）

迷你巧克力

巧克力彼士裘伊蛋糕體

材料

160cm×40cm的烤盤　1片

杏仁粉…100g
糖粉…100g
蛋黃…70g
全蛋…70g
蛋白…180g
細砂糖…60g
低筋麵粉…70g
可可粉…40g
奶油…50g

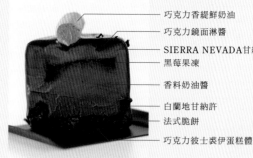

- 巧克力香緹鮮奶油
- 巧克力鏡面淋醬
- SIERRA NEVADA甘納許
- 黑莓果凍
- 香料奶油醬
- 白蘭地甘納許
- 法式脆餅
- 巧克力彼士裘伊蛋糕體

這款甜點希望呈現出巧克力本身的美味。『CACAO HUNTERS』的SIERRA NEVADA 64％有著紅色水果的質感，同時帶有桃紅葡萄酒的香氣。周圍沒有採用慕斯，而是製作成甘納許。為了讓SIERRA NEVADA的味道更加鮮明，添加了用40～50℃的溫度軟化的奶油。為了更直接地感受SIERRA NEVADA的味道，採用較少的搭配，以展現出巧克力的特色。整體採用能更確實感受巧克力風味的結構。

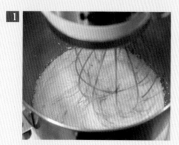

1 用攪拌機把全蛋、蛋黃、杏仁粉、糖粉打發，直到泛白程度。

2 混入少量用蛋白和細砂糖製作的蛋白霜。

酒糖液

材料

糖漿（30波美）…30g
　（水900g、砂糖100g的比例）
Marc白蘭地…30g

1 將所有材料混合攪拌。

法式脆餅

材料

可可塊…20g
奶油…30g
杏仁糖…60g
榛果糖…60g
法式薄脆餅…30g
可可粒…15g
白蘭地甘納許
鮮奶油35%…100g
水飴…20g
紅茶…12g
牛奶巧克力…180g
　（可可脂、SIERRA
　　NEVADA LECHE）
Marc白蘭地…20g

1

融化可可塊、奶油。

5

烤盤鋪上烘焙墊，倒入 4 的麵糊，用抹刀
抹平。用220℃的烤箱烤5～6分鐘。

6

抹上酒糖液，用直徑4cm的圓形圈模壓
切。

3

混入過篩合併的低筋麵粉、可可粉。再混
入在40℃～50℃的溫度下融化的奶油。

4

輕柔混入剩下的蛋白霜。

白蘭地甘納許

材料

鮮奶油（35%）…100g
水飴…20g
紅茶…12g
牛奶巧克力（SIERRA
　　NEVADA）…180g
Marc白蘭地…20g

1 把鮮奶油、水飴煮沸，放入紅茶的茶葉，蓋上保鮮膜，靜置5分鐘，讓香氣擴散。

2 過濾，補足流失份量的鮮奶油。

4 放在作業台上，重疊上薄膜，用擀麵棍擀壓成厚度3mm。

5 用直徑3.5公分的圓形圈模壓切。

2 混入杏仁糖、堅果糖。

3 混入法式薄脆餅、可可粒。

一邊過濾，和巧克力混合攪拌。

擠在冷卻凝固的白蘭地甘納許上面，冷凍。

香料奶油醬

材料

A
牛乳…240g
鮮奶油（35％）…100g
香草…0.3支
肉桂…0.3分
茴香…2個
零陵香豆…1個
香橙皮…2g

B
蛋黃…60g
細砂糖…20g
牛奶巧克力…115g
（SIERRA NEVADA LECHE）

把A材料放進鍋裡加熱，關火後，靜置30分鐘，讓香氣擴散。

把B材料和1的材料混在一起，製作安格列斯醬。

把牛奶巧克力和2的材料混在一起，製作甘納許。

倒入Marc白蘭地，用手持攪拌機攪拌。

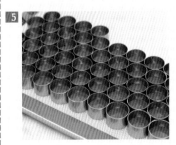

倒進直徑2cm×2cm的模型裡面冷凍。

巧克力香緹鮮奶油

材料

鮮奶油（35％）…150g
紅茶茶葉…20g
牛奶巧克力…100g
　（SIERRA NEVADA LECHE）

1　鮮奶油加熱後，放入紅茶茶葉，關火，靜
置5分鐘，使香氣擴散。

2　過濾後，補足流失份量的鮮奶油，和牛奶
巧克力混在一起。緊密包覆上保鮮膜，放
置一個晚上。

SIERRA NEVADA 甘納許

材料

巧克力（CACAO HUNTERS）
　…360g
鮮奶油（35％）…500g
牛乳…150g
轉化糖漿…40g
細砂糖…60g
奶油…75g

1　製作甘納許，放入奶油，用手持攪拌機攪
拌。

黑莓果凍

材料

黑莓果泥…110g
覆盆子果泥…45g
細砂糖…35g
明膠…2.5g

1　把材料放進鍋裡加熱，放入明膠，使明膠
確實融化。

2　倒進鋼盆，隔著冰水冷卻。

3　擠在已經冷凍凝固的白蘭地甘納許、香料
奶油醬的上面，冷凍。

組合

用4cm×高3.5cm的圓形圈模壓切巧克力彼士裘伊蛋糕體,再將蛋糕體放進相同尺寸的圓形圈模裡面。

2 放入用直徑3.5cm的圓形圈模壓切的法式脆餅。

倒入SIERRA NEVADA甘納許。

把白蘭地甘納許、香料奶油醬和黑莓果凍重疊凝固的材料脫模,放進中央,往下壓至最底部。冷卻凝固。

巧克力香緹鮮奶油

材料

A
水…500g
細砂糖…600g
水飴…500g
煉乳…470g
明膠片…3.5g
SIERRA NEVADA…800g

1 把水、細砂糖、水飴、煉乳放在一起煮沸。

2 放入用水泡軟的明膠片融化,和巧克力混在一起。

3 用手持攪拌機攪拌後,冷藏一晚。

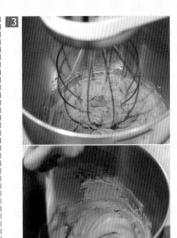

隔天,打發成能夠擠花的硬度。

在烤盤鋪上烘焙墊,用圓形花嘴9號擠出條狀。

冷凍凝固後,切成長度3.5公分。

脫模,淋上巧克力鏡面淋醬。

巧克力鏡面淋醬凝固後,放在紙盤上面,
裝飾上巧克力香緹鮮奶油。

巧克力酥餅碎

材料

奶油…50g
紅糖…50g
鹽巴…1.5g
杏仁粉…50g
可可粉…10g
低筋麵粉40g

巧克力甜點奶油醬

巧克力冰淇淋
打發甘納許
酥餅碎
草莓醬＋草莓

專為情人節設計的商品。主要由草莓醬、果泥、覆盆子的果泥等，由各式各樣的『酸』所構成。石榴的酒醋，在草莓裡面添加石榴的酸味，再利用花椒莓（Timut Pepper；尼泊爾的胡椒）增添柑橘和山椒的香氣，同時也增添了異國風味的香氣。打發甘納許採用CACAO HUNTERS的SIERRA NEVADA。

1

把切成塊狀冷卻的奶油和所有材料放進攪拌機裡面攪拌。彙整成團後，冷藏。

2 靜置後，切成適當大小，用160℃的烤箱烤15分鐘。

草莓醬

材料

草莓果泥…120g
覆盆子果泥…60g
細砂糖…28g
石榴酒醋…4g
花椒莓…2g

1 把A材料煮沸。用鍋子把花椒莓以外的材料煮沸。煮沸後，放入花椒莓，靜置30分鐘，使香氣擴散。

2 30分鐘後，用手持攪拌機攪拌。

3 過濾，放進冰箱冷卻。和切片的草莓混合使用。

把1、2和切碎的半乾鳳梨一起混合攪拌。

巧克力冰淇淋

材料

SIERRA NEVADA…80g

A
牛乳…325g
水飴…20g
轉化糖…20g

B
細砂糖…30g
脫脂牛奶…30g
穩定劑…1g

把A材料加熱，溫度達到40℃後，加入B材料。

煮沸後，和放進PACOJET食物調理機用容器內的SIERRA NEVADA混合，用手持攪拌機攪拌。

直接放在PACOJET食物調理機用容器內冷凍。凝固後，再用PACOJET食物調理機打成冰淇淋。

打發甘納許

材料

鮮奶油A（35%）…60g
水飴…20g
SIERRA NEVADA…70g
鮮奶油B（35%）…130g

把鮮奶油A煮沸，和SIERRA NEVADA混合，製作成甘納許。

接著和冷卻的鮮奶油B混合。在冰箱內放置一晚，隔天攪拌成能夠擠花的硬度。

擺盤

酥餅碎
打發甘納許
草莓醬
草莓
巧克力冰淇淋
巧克力甜點奶油醬

把酥餅碎裝進盤裡,擠上打發甘納許。

把草莓醬和切片的草莓混合,然後放在打發甘納許的上面。再灑上一點酥餅碎。

把巧克力冰淇淋放在上面,裝飾上巧克力甜點奶油醬。

用170℃的烤箱烤5〜6分鐘。

4 趁熱使用模具做出曲線。

巧克力甜點奶油醬

材料

牛乳…180g
蛋黃…30g
細砂糖…7g
低筋麵粉…14g
可可粉…5g
SIERRA NEVADA…60g

烹煮甜點奶油醬,和融化的巧克力混合。

放置一晚,使用抹刀,薄塗在烘焙墊上面。

PLATINO 上町本店

老闆 **田勢克也**（照片左）　主廚 **近藤忠彥**（照片右）

從餐廳主廚到甜點烘焙，田勢克也25歲便獨立創業。1992年開張，位於東京上町的上町總店是，深受當地居民喜愛的街坊蛋糕店。現在，和田勢老闆一起站在廚房裡的是，資歷長達23年的近藤忠彥主廚。田勢老闆說，「沒有華麗的裝飾卻仍充滿高級品味，便是我們的概念」。以義大利餅乾為主軸的傳統甜點，乃至原創性極高的商品，全都一應俱全。本店使用的巧克力主要是越南產的「Kakalea Dark」。此款巧克力的品質很好，苦味和酸味兼具。雖然味道有點奇特，不過，在凸顯甜點個性的時候，確實也能起到作用。這種Kakalea Dark是由可可60％和58％，以2比1的比例所混合而成，因此，大多都是減緩苦味之後再進行使用。使用Kakalea Dark的「卡布里蛋糕」是義大利的傳統甜點。食譜看起來十分簡單，只要把材料混合攪拌，再進行烘烤就可以了，不過，這是為了讓蛋糕口感更好，而徹底烘烤的PLATINO風格。重點在於材料的組合。讓巧克力和奶油維持相同溫度，再加以混合攪拌，藉此製作出柔滑且濕潤的蛋糕體。另外，如果蛋白過度打發的話，蛋糕體就會塌陷，所以要使用3分發。藉此表現出濃醇且緊實的蛋糕體。

使用更易凸顯個性的越南產巧克力

PLATINO 上町本店
■地址／世田谷区世田谷1-23-6　エクセル世田谷102
■電話／03-3439-2791
■營業時間／10:00～19:00
■公休日／星期四
■URL／https://www.platino.jp/

120

卡布里蛋糕

卡布里蛋糕

卡布里蛋糕
材料
直徑12cm的曼克模型　3個

巧克力（可可58%）…225g
無鹽奶油…225g
可可粉…75g

A
　蛋黃…6個
　細砂糖…120g

B
　蛋白…6個
　細砂糖…120g

糖粉…適量

糖粉

可可蛋糕體

義大利的傳統烘焙甜點。確實烘烤麵糊，製作出厚重、濃醇的味道。另外，用烤箱烘烤的時候，要在最後打開擋板，讓水分揮發，藉此製作出表面的酥脆口感。巧克力使用酸味和苦味兼具的越南產「Kakalea Dark」。甜味當中又可以品嚐到苦味和酸味。因為不使用麵粉，所以也可以當成無麩質甜點。

1

把奶油切成容易融化的大小，和巧克力一起隔水加熱。這個時候要蓋上保鮮膜，避免蒸氣，調溫至45℃。

2

把過篩的可可粉放進1的材料裡面，用攪拌器攪拌。

9

大理石狀的部位完全消失，就是攪拌均勻的最佳證明。

6

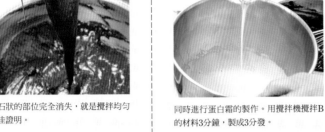

同時進行蛋白霜的製作。用攪拌機攪拌B的材料3分鐘，製成3分發。

3

把A材料放進攪拌盆，輕輕蓋上保鮮膜，隔水加熱。調溫至45℃。

10

模型鋪上烘焙紙，每個模型裝入300g份量的麵糊。把模型從高處摔落，藉此排出空氣，然後放進烤箱內。用上火155℃、下火170℃烤40分鐘後，用上火160℃、下火150℃烤15分鐘，再進一步打開擋板，把上火關掉，用下火140℃烤55分鐘。

7

把6的蛋白霜分2次倒進5的材料裡面。用攪拌器從底部往上撈，攪拌均勻。

4

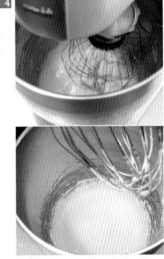

用攪拌機攪拌3的材料，直到呈現泛白。

11

放涼後，脫模，撒上糖粉。

8

加入剩餘的蛋白霜，用橡膠刮刀攪拌均勻。

5

把4的材料分多次倒進2的鋼盆裡面，用攪拌器攪拌均勻。

プラチノ サクラシンマチテン
PLATINO 桜新町店

負責人　**近藤敏春**（照片左）　老闆　**田勢克也**（照片右）

1999年在東京櫻新町開張的「PLATINO 上町本店」的分店。因為位於受年輕世代歡迎的住宅區，所以也有許多求購紀念日蛋糕的家庭顧客。負責該店廚房的是，上町本店主廚近藤忠彥的弟弟近藤敏春。兄弟兩人可說是PLATINO的招牌支柱。「巧克力甜點固定每年都會在銷量最好的冬天，準備20種全新作品」，田勢老闆表示。這次提案的作品是由法國傳統甜點改良而成的原創作品。也可以把它當成海綿蛋糕屑的有效活用術。就是讓海綿蛋糕屑乾燥，然後再將其製成粉末狀再次利用。近藤先生表示，「使用本身已經有味道的海綿蛋糕，就可以讓濃醇的巧克力更加對味」。和塔皮一起搭配的巧克力是越南產的「Kakalea Dark」，苦味和酸味形成更令人印象深刻的濃醇生巧克力。上面是濃郁的咖啡奶油醬，利用Kahlúa（咖啡香甜酒）增添風味，製作出成熟韻味的巧克力甜點。田勢老闆說：「近幾年，調溫巧克力的製造商增加了不少，產地和味道變得更加多元。因此，就能更容易創造出全新的巧克力甜點」。

令人印象深刻的濃醇巧克力是味道的精髓

PLATINO 桜新町店
- ■地址／東京都世田谷区新町2-35-16
- ■電話／03-3426-3451
- ■營業時間／10:00～19:00
- ■公休日／星期四
- ■URL／https://www.platino.jp/

歐培拉蛋糕塔

法式甜塔皮

材料

**直徑7cm×高2cm的法式塔圈
20個**

奶油…90g
細砂糖…90g
全蛋…100g
低筋麵粉…200g
海綿蛋糕屑（乾燥）…135g

装飾用的巧克力
香緹鮮奶油
咖啡奶油醬
生巧克力
法式甜塔皮

讓法國傳統的歐培拉蛋糕塔，昇華成現代風格的花色小蛋糕。為了搭配濃醇的巧克力，而使用了運用海綿蛋糕屑的香酥塔皮。內餡是柔軟質地的生巧克力和微苦的咖啡奶油醬。再進一步裝飾上飄散著Kahlúa咖啡酒香的香緹鮮奶油，製作出成熟風味。尤其生巧克力使用帶有酸味和苦味的越南產「Kakalea Dark」，衝擊的味道讓人印象深刻。

1

用橡膠刮刀把恢復至室溫的奶油攪拌至柔滑程度。

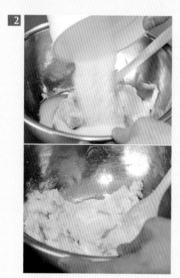

2

把細砂糖倒進1的鋼盆，進一步攪拌。

10　用手調整形狀，然後在烘焙紙上面放置重石。

11　用上火、下火都是170℃的烤箱烤20分鐘後，關掉上火，用下火170℃進一步烤15分鐘。

12　放涼後，拿掉重石，脫模。

13　為避免塔皮吸收水分，用手指把融化的巧克力（份量外）塗抹在表面。

6　用手搓揉，直到粉末感完全消失。

7　麵團彙整成團後，放進冰箱靜置1小時。

8　用擀麵棍擀壓成厚度2mm。

9　把塔皮覆蓋在模型上面，配合模型將塔皮入模，再使用擀麵棍壓切掉多餘的塔皮。

3　把打散的蛋液分數次倒入，每次倒入都要用攪拌器攪拌均勻，再倒入下一次。

4　倒入海綿蛋糕屑，攪拌至彙整成團為止。

5　把過篩的低筋麵粉分2次倒入，持續攪拌至彙整成團。

咖啡奶油醬

材料

直徑7cm×高2cm的法式塔圈
20個

牛乳…352g
咖啡（粉）…26.4g
蛋黃…4個
細砂糖…88g
低筋麵粉…36g
奶油…28g
鮮奶油（乳脂肪含量47%）…56g
細砂糖…5.6g
卡魯哇牛奶（Kahlúa and Milk）
…10g

把牛乳放進鍋裡，煮沸後，加入咖啡粉溶解。

隔著冰水冷卻，製作成與髮蠟狀的奶油相同的稠度。

加入恢復至室溫的奶油，將整體攪拌均勻。

生巧克力

材料

直徑7cm×高2cm的法式塔圈
20個

水飴…26g
鮮奶油（乳脂肪38%）…312g
巧克力（可可58%）…234g
奶油…26g

把水飴、鮮奶油放進鍋裡煮沸。

把1的材料倒進裝有巧克力的鋼盆，讓巧克力變軟。

用攪拌器攪拌，直到巧克力完全融化。

改用橡膠刮刀，進一步攪拌至呈現柔滑程度。

加入卡魯哇牛奶，快速攪拌。

另外將鮮奶油、細砂糖打發，製作出香緹鮮奶油，倒進 8 的材料裡面。這個時候，用橡膠刮刀搓揉攪拌。

把 4 的材料倒回鍋子，開中火加熱。用橡膠刮刀從底部往上撈，持續攪拌，直到產生黏稠度。

產生黏稠度後，關火，放入奶油，利用餘熱使奶油融化。

倒進鋼盆，用冰水冷卻。

把蛋黃、細砂糖放進鋼盆，用攪拌器攪拌至呈現泛白。

加入過篩的低筋麵粉，將整體攪拌均勻。

分次少量地倒入 1 的材料，混合攪拌。

組合

把生巧克力倒進法式甜塔皮裡面，放進冰箱冷卻凝固30分鐘。

把咖啡奶油醬裝進擠花袋，擠在2的上面。

把香緹鮮奶油（鮮奶油56g、細砂糖5.6g、Kahlúa咖啡香甜酒 10g）擠在正中央，製作出高度。

放上裝飾用的巧克力。

人氣餐廳

法式巧克力蛋糕

的技術

クチーナ クラモチ
CUCINA
KURAMOCHI

老闆兼主廚 **倉持智一**

倉持智一主廚在歷經京都的老字號義式料理餐廳等資歷後，又在義大利的托斯卡納、北義大利的特倫特、弗里烏爾等地累積經驗，之後於2011年開業。其中，在弗里烏爾的餐廳學到的是，在甜點之後隨著咖啡一起上桌的小點心。餐廳會依照該桌的人數多寡，準備各式各樣的義式傳統甜點，藉此滿足客群有九成都是女性的「希望少量品嚐各種不同味道」的需求。在堪稱是義式料理戰區的京都，這種有別於其他店家的服務型態，讓這家店脫穎而出。「雖然我不是甜點師，不過，我很喜歡這種細膩作業，也很喜歡製作小點心」，主廚表示。同時，使用巧克力的烘焙甜點也有許多種類。這次介紹的卡布里蛋糕雖是搭配了大量杏仁粉的南義大利甜點，不過，卻是因緣際會下，在北義大利學到的。為了讓口感更好，奶油、巧克力和鮮奶油全都在均一的溫度範圍內進行混合，另外，避免過度打發的蛋白霜也是重點。專注於義大利語中表現酥鬆、硬脆口感的「Croccante」，重視上桌時的溫度與口感。唯有餐廳才有的盤式甜點，正因為有醬汁的裝飾與搭配，或是用來增添口感的隨附甜點等，才能夠一次享受多種風味，而這正是盤式甜點的醍醐味。

在北義大利學到的簡樸傳統甜點重視口感

CUCINA KURAMOCHI
■地址／京都府京都市中京区釜座通丸太町下ル桝屋町149
■電話／075-253-6336
■營業時間／12:00～14:30（L.O.）、18:00～21:30（L.O.）
■公休日／星期四
■URL／http://cucinakuramochi.com/

卡布里蛋糕
套餐甜點

抹茶白巧克力蛋糕
1000日圓（含税）

卡布里蛋糕

卡普里蛋糕

材料

22×28cm的調理盤　1個

無鹽奶油…250g
細砂糖…300g
蛋黃…6個
蛋白…6個
巧克力（Cacao Barry 58%）
　　…200g
杏仁粉…300g

- 糖粉
- 瓦片
- 草莓
- 芒果雪寶
- 卡布里蛋糕
- 卡普里蛋糕

不使用低筋麵粉，搭配大量的杏仁粉，香氣迷人的經典蛋糕。義大利當地的甜點甜度都比較高，因此，甜度部分有重新做過調整。搭配色澤鮮豔的芒果雪寶，再裝飾上瓦片，把簡單蛋糕妝點得十分華麗。

1

把可可含量58%的調溫巧克力隔水加熱融化。

2

巧克力融化後，加入提前融化的奶油，攪拌。

隨套餐搭配的小點心，都是在甜點之後，隨著咖啡一起成套上桌。依各桌人數的多寡，盛裝小點心的器皿也會有所不同，視覺方面也十分有趣。由於常有客人詢問甜點名稱，所以還特地製作了小卡。照片中是兩人份的小點心，共有13種種類，除了卡布里蛋糕之外，還有松子、克羅斯多里、杏仁酥、義式脆餅、棉花糖等。

持續攪拌直到蛋白霜的白色部分完全消失，然後倒進舖有烘焙紙的調理盤裡面。

放進185℃的烤箱裡面，烤30分鐘左右。

出爐後，撕掉烘焙紙，在避免乾燥的情況下冷卻。

5攪拌均勻後，加入4的蛋白霜（一半份量），以劃切的方式混拌。

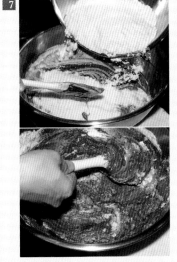

加入過篩的杏仁粉，輕輕攪拌混合。

把剩餘的蛋白霜倒進7的鋼盆裡面，在避免擠破氣泡的情況下攪拌。

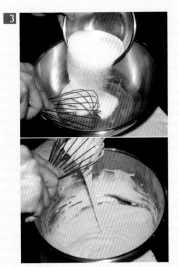

把蛋黃和一半份量的細砂糖放進另一個鋼盆，一邊隔水加熱，一邊搓磨攪拌，直到呈現泛白、黏稠狀。

用攪拌機攪拌蛋白，把細砂糖剩餘份量的1/3份量倒入。用高速攪拌，偶爾改用低速攪拌，讓氣泡呈現穩定，同時加入剩餘的細砂糖，打發至六分發。

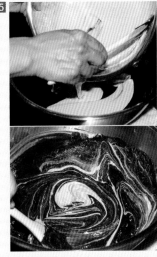

把3的全部材料倒進2的巧克力裡面，用橡膠刮刀輕輕混拌。

4

再附上瓦片。

擺盤

1

把可可粉撒在玻璃盤上。

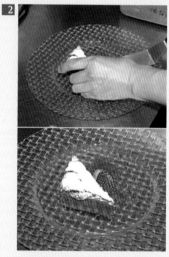

2

卡布里蛋糕切成三角形,撒上糖粉,擺盤。隨附上草莓。

3

隨附上芒果雪寶。

芒果雪寶

材料(入料量)

芒果果泥…500g
細砂糖…100g
轉化糖…80g

1 把細砂糖和轉化糖、少量的水(份量外)放進鍋裡加熱。砂糖溶解後,倒進放有芒果果泥的鋼盆攪拌。

2 冷卻後,放進冰淇淋機裡面製成雪寶。

瓦片

材料(入料量)

低筋麵粉…80g
細砂糖…100g
蛋白…80g
奶油…100g

1 把恢復至常溫的奶油放進鋼盆,加入細砂糖,用拌打器攪拌。

2 加入蛋白攪拌。

3 加入過篩的低筋麵粉,用橡膠刮刀攪拌,放進冰箱冷藏一段時間。

4 用抹刀在矽膠墊上面薄塗出希望塑造的形狀,用185℃的烤箱烤5分鐘左右。

經典巧克力

經典蛋糕

材料

22×28cm的調理盤　1個

巧克力（Valrhona 70%）…200g
無鹽奶油…160g
蛋黃…6個
蛋白…6個
細砂糖…240g
鮮奶油（38%）…160g
可可粉…160g
低筋麵粉…60g

- 糖粉
- 安格列斯醬
- 經典蛋糕
- 糖粉奶油細末
- 薄荷

通常都是使用可可含量58%的巧克力，不過，這次則是選擇含量70%，口味成熟的微苦風味。將甜度調整成用餐後的適當甜味。擺盤的部分利用各種形狀的改變，展現出更彈性的豐富變化。這次是搭配安格列斯醬一起，享受簡單的美味。

1 把可可含量70%的調溫巧克力隔水加熱融化。

2 一邊倒入預先融化的無鹽奶油，一邊用拌打器確實攪拌，讓材料乳化。

把9的蛋白霜（一半份量）倒進8的鋼盆裡面，以劃切的方式混拌。

把低筋麵粉、可可粉過篩倒入，慢慢攪拌，避免擠破蛋白霜的氣泡。

粉末類材料攪拌均勻後，加入剩餘的蛋白霜混拌。

用高速攪拌，偶爾改用低速，讓氣泡呈現穩定，一邊把剩餘的細砂糖倒入混拌。

把5的材料倒進3的巧克力裡面，用橡膠刮刀輕輕混拌。

7的蛋白霜打發至六分發備用。

放入用微波爐加熱至50℃的鮮奶油，用拌打器攪拌。

把蛋黃和一半份量的細砂糖倒進另一個鋼盆。

把4的材料一邊隔水加熱，一邊確實攪拌直到呈現泛白、黏稠狀態。

把蛋白倒進攪拌機攪拌，加入剩餘的細砂糖的1/3份量。

最後撒上糖粉。裝飾上薄荷葉。

擺盤

在盤子的角落撒上糖粉奶油細末，相反方向的角落同樣也要撒上糖粉奶油細末。

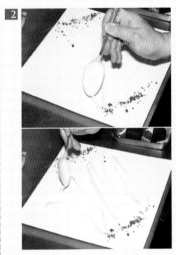

用畫線般的方式，淋上安格列斯醬。

把經典蛋糕切成不同的形狀，擺放在 2 的盤子上。

持續攪拌，蛋白霜的白色部分消失後，倒進舖有烘焙紙的調理盤裡面。

用185℃的烤箱烤30分鐘。出爐後，撕掉烘焙紙，在避免乾燥的情況下冷卻。

安格列斯醬

材料（入料量）

牛乳…300cc
鮮奶油…75cc
香草豆莢…1/4支
蛋黃…2個
細砂糖…50g

1. 香草豆莢垂直切開，刮出種籽，連同豆莢一起，放進牛乳、鮮奶油裡面，加熱至將要沸騰的程度。

2. 把蛋黃和細砂糖放進鋼盆，搓磨攪拌至泛白程度。

3. 一邊把 1 的牛乳倒進 2 的材料裡面，一邊攪拌。

4. 全部的牛乳都倒完之後，倒回鍋子烹煮。

5. 產生濃稠度後，把鍋子從火爐上移開，放涼後使用。

抹茶白巧克力蛋糕

抹茶白巧克力蛋糕

材料

22×28cm的調理盤　1個

白巧克力（Valrhona 35%）
…200g
無鹽奶油…80g
鮮奶油（38%）…40g
蛋黃…4個
蛋白…4個
玉米澱粉…30g
抹茶粉…15g
細砂糖…100g

薄荷
巧克力餅乾
西瓜葛粉湯

西西里捲心餅
糖粉
抹茶白巧克力蛋糕

使用京都這個觀光勝地的當地色彩‧抹茶，演繹出京都當地的風貌。抹茶讓人聯想到『日式』，因此，搭配夏季限定的西瓜葛粉湯一起上桌。蛋糕的濕潤口感，和抹茶高雅的微苦、西瓜特有的香甜，格外契合。猶如西瓜籽般的巧克力餅乾，在視覺上也顯得格外有趣，充滿魅力。

1

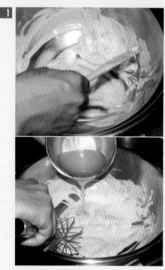

白巧克力隔水加熱融化後，加入融化的奶油攪拌。

2

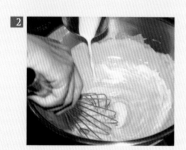

加入奶油，乳化後，加入鮮奶油攪拌。

西瓜葛粉湯

材料（入料量）

西瓜汁⋯1000ml
葛粉⋯50g
白砂糖⋯約200g

1. 把切好的西瓜和白砂糖放進鍋裡加熱。用拌打器攪拌。

2. 葛粉用適量的水溶解，倒入鍋裡攪拌。在即將沸騰的時候關火。

3. 裝進容器，冷藏，每次使用的時候，都必須攪拌一下。

把玉米澱粉和抹茶粉過篩到鋼盆裡面，稍微攪拌之後，把4剩餘的材料全部倒入攪拌。

倒進舖有烘焙紙的調理盤裡面，用185℃的烤箱烤20分鐘。出爐後，撕掉烘焙紙，在避免乾燥的狀態下冷卻。

把蛋黃放進另一個鋼盆，分2、3次加入細砂糖，一邊打發，使材料呈現緞帶狀。

把3的材料倒進2的鋼盆裡面，用打蛋器攪拌。

用蛋白和細砂糖製作勾角挺立程度的蛋白霜，將一半份量倒進4的鋼盆裡面攪拌。

擺盤

把西瓜葛粉湯倒進容器，放在盤子上。

把抹茶白巧克力蛋糕切好，撒上糖粉，放進西西里捲心餅的圓圈裡面，擺盤。進一步在上面撒上糖粉。

在西瓜葛粉湯裡面裝飾上切碎的薄荷和切碎的巧克力餅乾。

西西里捲心餅

材料（入料量）

低筋麵粉…100g
蛋黃…1個
細砂糖…10g
瑪薩拉酒（Marsala Wine）
　…25cc

1 把所有材料放進鋼盆攪拌均勻後，放置一段時間。

2 用擀麵棍擀平，捲在圓形圈模上面。

3 用165℃的油酥炸。

4 冷卻後，從圓形圈模上面卸下。

ホテルインターコンチネンタル 東京ベイ

INTERCONTINENTAL TOKYO BAY

行政主廚　甜點師　**德永純司**

德勇主廚在「東京灣洲際飯店」裡面，除了蛋糕店『The Shop N.Y. LOUNGE BOUTIQUE』之外，同時也負責『New York Lounge』等的甜點。他同時更是在人氣偶像劇「天才主廚餐廳」當中，擔任甜點設計監督的實力者。據說製作商品的時候，他都是以使用正統素材的傳統西式甜點去思考商品組合。而事實上，蛋糕櫃裡面陳列的商品，都是些海綿蛋糕、泡芙、巧克力蛋糕等經典的西式甜點。完全沒有折損半點視覺效果的簡單外觀，絲毫沒有半點炫耀奇特的感受。可是，每吃一口，卻總能被那入口即化的香緹鮮奶油，以及濕潤、豐潤的傑諾瓦士海綿蛋糕所驚艷。

德永主廚是西式甜點國際競賽的常勝軍，其中，他在2010年使用義大利酒的「LUXARDO GRAN PREMIO（義大利甜點大賽）」贏得優勝，是最令他開心的事。他利用傳統的技巧製作了2種使用巧克力工藝和酒的甜點。雖然他對於使用的巧克力並沒有太多堅持或挑剔，不過，在德勇主廚的巧手之下，甜點就像被施了魔法一般，總是能華麗變身。

不炫耀奇特，靠技巧創造出華麗的味道

INTERCONTINENTAL TOKYO BAY
The Shop N.Y. LOUNGE BOUTIQUE

■地址／東京都港区海岸1-16-2
■電話／03-5404-7895
■營業時間／11:00～20:00
■URL／https://www.interconti-tokyo.com/

法式冰淇淋蛋糕

未販售

巧克力醬

材料

牛乳⋯125g
水飴⋯23g
黑巧克力66%（CARAIBE）
　⋯75g

把牛乳、水飴煮沸，與黑巧克力一起乳化。

2 在冰箱裡面冷藏8小時以上。

酸櫻桃醬

材料

酸櫻桃果泥⋯125g
細砂糖⋯30g
果膠NH⋯1g

把細砂糖和果膠NH混在一起，加入酸櫻桃果泥，一邊攪拌煮沸，然後放冷。

─ 巧克力達克瓦茲
─ 酒釀酸櫻桃醬
─ 糖漬酸櫻桃
─ 巧克力香緹鮮奶油
─ 巧克力糖粉奶油細末
─ 櫻桃酒雪糕

─ 巧克力裝飾
─ 酸櫻桃醬
─ 巧克力醬
─ 巧克力糖粉奶油細末

希望使用巧克力和5月當季的水果・櫻桃製作蛋糕，率先聯想到的是「達克瓦茲」。因為希望展現出酸櫻桃的味道，所以採用糖漬，另外，製成果醬狀，就變得更容易入口。這些都是為了讓小蛋糕能夠化身成盤式甜點，所做的刻意設計。原本也有考慮採用瓦片，不過，最後選擇的是達克瓦茲的酥脆風格。口感部分使用的是巧克力糖粉奶油細末。櫻桃酒的奶油醬、帶有櫻桃酒香氣的冰淇淋、巧克力香緹鮮奶油則是口感輕盈的巧克力奶油醬。酒釀酸櫻桃醬希望製作出比果凍更濃郁的香氣而製成泡沫狀。巧克力則用大量的櫻桃酒，製作成成熟的大人風味。

將牛奶巧克力融化，並且把和榛果糖混在一起的材料，和3的材料混合，放進冰箱冷卻、凝固，在剁成碎塊。

櫻桃酒雪糕

材料

鮮奶油38%…240g
牛乳…1170g
香草…2.5支
蛋黃…240g
細砂糖…320g
脫脂奶粉…32g
增稠劑（Vidofix）…7g
櫻桃酒…35g

[1] 把鮮奶油35%、牛乳、香草煮沸。

把蛋黃、細砂糖、脫脂奶粉、增稠劑混合在一起，和1的材料合併，烹煮至83℃後，急速冷卻。

[3] 加入櫻桃酒冷凍，再用PACOJET食物調理機製作成冰淇淋。

用170℃的烤箱烤13分鐘，趁熱的時候，將其捲在直徑4.5cm的圓筒上面塑型。

巧克力糖粉奶油細末

材料

奶油…50g
糖粉…50g
榛果粉…32g
低筋麵粉…40g
玉米澱粉…10g
可可…10g
榛果碎粒…18g
法式薄脆餅…18g
牛奶巧克力40%
　（JIVARA LACTEE）…50g
榛果糖…30g

[1] 依序把奶油、糖粉、榛果粉混在一起，加入低筋麵粉、玉米澱粉、可可，放進冰箱冷藏1小時以上。

[2] 用170℃的烤箱烤15分鐘。在中途一邊搗碎，一邊烘烤。

[3] 把2的材料和榛果碎粒、法式薄脆餅混在一起。

巧克力達克瓦茲

材料

蛋白…75g
細砂糖…20g
杏仁粉…60g
糖粉…60g
可可…10g

[1] 用蛋白和細砂糖製作硬挺的蛋白霜。

[2] 把杏仁粉、糖粉、可可一起過篩，在盡可能不破壞蛋白霜的氣泡的情況下，和蛋白霜混在一起。

[3] 把麵糊塗抹在烘焙墊上面，約6×16cm，厚度1.5mm的大小。

巧克力裝飾

材料

黑巧克力…適量

1 把烤盤加熱至40℃以上備用。

2 把黑巧克力融化成50℃備用。

3 將黑巧克力薄抹在烤盤上，馬上放進冰箱冷藏1小時。

4 在常溫下放置30分鐘左右。

5

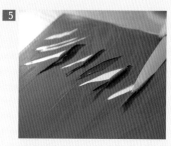

用刀子削取備用。

糖漬酸櫻桃

材料

水…100g
細砂糖…85g
香草…0.1支
冷凍酸櫻桃…150g

1

把水、細砂糖、香草煮沸，加入酸櫻桃。

2 放進冰箱冷藏8小時以上。

酒釀酸櫻桃醬

材料

酸櫻桃果泥…100g
水…100g
櫻桃酒…20g
細砂糖…20g
SUCRO EMUL（乳化劑）

1

把所有材料混合，用手持攪拌器攪拌，溫度調整至30℃左右，用打氣幫浦打發起泡。

巧克力香緹鮮奶油

材料

鮮奶油（35％）…140g
轉化糖…25g
黑巧克力61％
　（EXTRA BITTER）…120g
鮮奶油（35％）…280g

1

把鮮奶油140g和轉化糖煮沸，讓材料和黑巧克力乳化。這個時候，調溫在35℃以上。

2 把280g的鮮奶油35％混合在一起，放進冰箱冷藏8小時以上。

3 用攪拌器打至八分發。

放入糖漬酸櫻桃。

接著填滿酒釀酸櫻桃醬。

放上圓筒狀的巧克力達克瓦茲，在底部鋪上巧克力糖粉奶油細末。

放入櫻桃酒雪糕。

擠入巧克力香緹鮮奶油。

擺盤

巧克力醬
酸櫻桃醬
巧克力達克瓦茲
巧克力糖粉奶油細末
櫻桃酒雪糕
巧克力香緹鮮奶油
糖漬酸櫻桃
酒釀酸櫻桃醬
巧克力裝飾
櫻桃
食用花
金箔

用湯匙把巧克力醬撈取放置在盤子上面，在中央壓出窟窿。

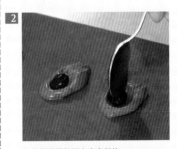

把酸櫻桃醬放置在窟窿部位。

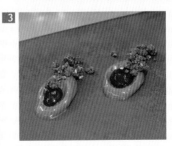

在上面擺放巧克力糖粉奶油細末，裝飾上巧克力裝飾、去除種籽的櫻桃、食用花、金箔。

法式冰淇淋蛋糕

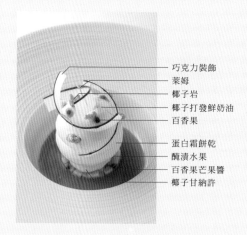

巧克力裝飾
萊姆
椰子岩
椰子打發鮮奶油
百香果

蛋白霜餅乾
醃漬水果
百香果芒果醬
椰子甘納許

蛋白霜餅乾

材料

蛋白…100g
細砂糖…50g
海藻糖A…50g
杏仁粉…15g
玉米澱粉…15g
海藻糖B…50g
糖粉…30g

夏日應景的巧克力甜點。白巧克力搭配夏季水果,讓簡單的食材變化成各式各樣的形狀,再加以組合搭配。蛋白霜餅乾為避免太甜而使用海藻糖,並用少量的杏仁粉增添風味。椰子的白巧克力香緹鮮奶油、椰子岩、椰子甘納許用來表現口感。整體配置了較多的鳳梨和椰子,然後,進一步在底部配置水果和椰子甘納許。百香果、芒果製作成醬汁狀,讓口感更加滑順。如果只有芒果,味道會顯得太甜,所以就用百香果增加酸味。

1

用蛋白和細砂糖、海藻糖A製作出堅挺的蛋白霜。

2

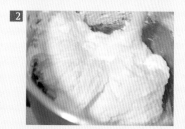

把一起過篩的杏仁粉、玉米澱粉、海藻糖B一邊倒入,一邊輕輕攪拌,避免把蛋白霜的氣泡壓破。

3

把直徑4cm的多連矽膠模顛倒翻面,擠上材料,用90℃的烤箱乾燥3小時。

將1和2與切碎的半乾鳳梨混合。

冷卻、凝固。

椰子岩

材料

椰子細粉…20g
萊姆汁…55g
白巧克力39%…142g
半乾鳳梨…40g
杏仁堅果糖…20g

把椰子細粉、萊姆汁混拌在一起，用170℃烤8分鐘。

讓白巧克力融化，調溫至25℃，和杏仁堅果糖混在一起。

椰子打發鮮奶油

材料

鮮奶油（35%）A…105g
水飴…12g
轉化糖…12g
香草…0.3支
白巧克力39%…142g
鮮奶油（35%）B…240g
椰子利口酒…40g
椰子果泥…43g
檸檬皮…0.2個

把鮮奶油A、水飴、轉化糖、香草煮沸，讓材料和白巧克力一起乳化。

讓鮮奶油B、椰子利口酒、椰子果泥、檸檬皮乳化，放進冰箱冷卻3小時以上，打發起泡。

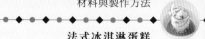

百香果芒果醬

材料

百香果果泥…50g
芒果果泥…75g
水…50g
細砂糖…30g
果膠NH…1.5g
椰子利口酒…20g

1 把百香果果泥、芒果果泥、水、細砂糖、NH果膠混在一起煮沸。

2 冷卻後，加入椰子利口酒。

醃漬水果

材料

香蕉…適量
芒果…適量
百香果…適量
薄荷…適量
櫻桃酒…適量
糖粉…適量

1

把香蕉、芒果切成5mm的丁塊狀，和百香果、薄荷混合在一起，加入少量的櫻桃酒和糖粉。

椰子甘納許

材料

白巧克力（39%）…180g
可可脂…25g
椰子果泥…210g
椰子利口酒…13g
香草…0.3支

1

把椰子果泥和香草煮沸，一邊過濾到白巧克力、可可脂裡面。

2

使用手持攪拌器，讓材料確實乳化。

3

加入椰子利口酒，再進一步攪拌。放進冰箱冷藏8小時以上。

組合

蛋白霜餅乾
椰子打發鮮奶油
椰子岩
椰子甘納許
醃漬水果
百香果芒果醬
百香果芒果雪酪
巧克力裝飾
百香果…適量
萊姆…適量

把水果和櫻桃酒混合的材料放進直徑5cm的圓形圈模，調整形狀，備用。

從上方擠入椰子甘納許。

巧克力裝飾

材料

白巧克力39%…適量
牛奶巧克力40%…適量

把調溫後的白巧克力薄塗在OPP膜上面。

裁切成10×1.5cm，捲成直徑6cm。

將融化的牛奶巧克力沾在邊緣。

百香果芒果雪酪

材料

轉化糖…100g
水…130g
增稠劑（Vidofix）…1.5g
百香果果泥…85g
芒果果泥…345g
檸檬汁…4g

把轉化糖、水、增稠劑煮沸，冷卻。

把剩餘的材料和1的材料混在一起。

冷凍，用PACOJET食物調理機製成雪酪。

5

在上面擠上椰子打發鮮奶油。

6

裝飾上百香果、椰子岩、萊姆、巧克力裝飾，大功告成。

3

把2的水果和椰子甘納許的圓形圈模放在盤子裡面，拿掉圓形圈模，在周圍倒入百香果芒果醬。

4

放上蛋白霜餅乾，將百香果芒果雪酪放在凹陷處。

Dessert le Comptoir

甜點主廚　吉崎大助

店內令甜點愛好者趨之若鶩的吧檯座位，現在是沒有預約或介紹，就幾乎一位難求的特等席。
1天輪替2次的甜點套餐，在今年邁入第10個年頭。主要以四季水果為特色，再由鹹蛋糕（法式料理中，不會甜的鹹味蛋糕）和甜點混搭而成。經典套餐是7盤，特製套餐則是9盤。前菜是魚貝類或蔬菜，剛開始是口感清爽的甜點，主菜之後則是主甜點。基本上就是以甜點為主體。以季節水果為主，再巧妙搭配巧克力素材。最近還從完全不同領域的日式料理獲得靈感，考慮使用白味噌開發全新甜點。
在擺設古董的時尚店內，使用巧克力製作的烘焙甜點等一應俱全。

以甜點為主體的套餐，魅力非凡！

Dessert le Comptoir
■地址／東京都世田谷区深沢5-2-1
■電話／03-6411-6042
■營業時間／完全介紹制

苦味巧克力佐櫻桃
套餐中的甜點

巧克力可麗餅

套餐中的甜點

苦味巧克力佐櫻桃

巧克力奶油醬

材料

牛乳…500g
蛋黃…4個
細砂糖…100g
70%巧克力…200g

1 把蛋黃和細砂糖搓磨混拌，和加熱的牛乳混合，倒回鍋裡。

2 一邊攪拌，持續加熱至84℃，倒進巧克力，用手持攪拌機攪拌，讓材料乳化。

3 倒進容器，在冰箱冷卻一晚，凝固後使用。

櫻桃酒香緹鮮奶油

材料

鮮奶油（35％）…100g
細砂糖…8g
櫻桃酒…適量

1 加入鮮奶油、砂糖和櫻桃酒，打至六分發。

紅酒果凍
紅酒格蘭尼達
巧克力裝飾
糖漬酸櫻桃
巧克力雪糕

在不跳脫傳統味道的情況下，把黑森林蛋糕改良成成熟的大人口味，巧克力使用濃醇卻清爽的類型。這道甜點看似簡單，卻塞滿了各式各樣的技術。將格蘭尼達、紅酒、櫻桃等相同顏色的素材加以組合，表情雖然不同，卻完全沒有影響到味道。吃的時候，巧克力的味道十分鮮明，水果的味道也非常濃郁。

巧克力雪糕

材料

牛乳…360g
礦泉水…240g
細砂糖…50g
海藻糖…30g
轉化糖…20g
70%巧克力…260g

1 用鍋子加熱牛乳、礦泉水、轉化糖。

2 把細砂糖、海藻糖倒進1的鍋子裡攪拌。

3 一邊乳化，一邊加入巧克力混拌。

4 使用PACOJET（冷凍粉碎調理機）冷卻凝固使用。或是用冰淇淋製造機製作。

紅酒果凍

材料

紅酒…140g
礦泉水…260g
細砂糖…40g
果膠…4g
香草…適量

1 把紅酒、礦泉水、香草豆＆香草莢煮沸，使香氣擴散，同時讓酒精揮發。

2 和細砂糖混合，再使明膠融化，混拌。

3 裝進容器，放進冰箱保存12小時～隔天，冷卻凝固後使用。

糖漬酸櫻桃

材料

酸櫻桃…200g
紅酒…40g
細砂糖…120g
果膠…3g

1 用鍋子加熱酸櫻桃和紅酒，呈現人體肌膚的溫度後，加入細砂糖、果膠混拌，煮沸後，冷卻。

紅酒格蘭尼達

材料

紅酒…70g
水…130g
黑醋栗果泥…15g
糖漿（波美30）…80g

1 把材料混合，用小火烹煮。放冷後，倒進調理盤，放進冷凍庫冷凍。

把焦糖杏仁捏碎，撒在上面。

放上糖漬酸櫻桃。

組合

巧克力奶油醬
櫻桃酒香緹鮮奶油
焦糖杏仁
糖漬酸櫻桃
巧克力雪糕
紅酒果凍
紅酒格蘭尼達
巧克力裝飾
金箔

把巧克力奶油醬放在盤子中央。

放上櫻桃酒香緹鮮奶油。

焦糖杏仁

材料

杏仁片…85g
細砂糖…150g
鮮奶油（35％）…50g

① 把全部的材料放在一起，充分攪拌。

② 平舖在舖有烘焙紙的烤盤上，用170℃的烤箱烤12～14分鐘。

5

放上巧克力雪糕。

6

淋上紅酒果凍。

7

附上糖漬酸櫻桃、巧克力裝飾、紅酒格蘭尼達，裝飾上金箔。（巧克力裝飾是黑巧克薄片，再撒上藍莓粉所製成）。

巧克力可麗餅

巧克力可麗餅

材料

牛乳…140g
細砂糖…60g
低筋麵粉…70g
可可粉…5g
全蛋…2個
奶油…10g
巧克力…5g
鹽巴…少許

1. 把低筋麵粉、細砂糖、可可粉、巧克力、鹽巴、蛋液放進鋼盆，用打蛋器攪拌。

2. 分次少量加入牛乳，混合攪拌。

3. 蓋上保鮮膜，放進冰箱靜置1小時。

4. 從冰箱內取出3的材料，攪拌混合。

5. 把奶油放進平底鍋，開中火加熱。

6. 將麵糊倒入後，傾斜平底鍋，讓麵糊遍佈整體。

7. 麵糊的邊緣乾掉後，翻面。

8. 改用小火，煎30秒～1分鐘左右，熟透後，把平底鍋從火爐上移開。

巧克力香緹鮮奶油
百香果白巧克力雪糕
檸檬奶油醬
季節水果

檸檬奶油醬

像一般的可麗餅那樣，用手捲起來吃。基於回歸原點，在有限範圍內玩樂的想法所構思出的簡單甜點。當思考著該如何組合素材，企圖做出更有趣表現的時候，往往就會忽略掉味道的搭配。雖說甜點的表現幅度很廣，不過，有許多客人更喜歡標準的經典搭配。因此，採用的組合是，卡麗餅加上冰淇淋、杏桃、百香果這樣的傳統口味。使用香氣與之協調，味道也十分討喜的Cacao Barry的巧克力。

檸檬奶油醬

材料

全蛋…150g
細砂糖…130g
檸檬汁…120g
奶油…220g

1 把奶油以外的材料混合在一起。

2 隔水加熱，用攪拌器一邊攪拌，一邊加熱
至86℃。

3 把切塊的奶油充分混合，再用手持攪拌器
進一步攪拌。

4 放進冰箱冷藏一晚，冷卻凝固後使用。

百香果白巧克力雪糕

材料

白巧克力…100g
牛乳…350g
鮮奶油（35％）…120g
蛋黃…3個
細砂糖…45g
百香果果泥…55g
香草豆莢…4分之1支
穩定劑…12g

1 把牛乳、鮮奶油、香草豆莢放進鍋裡加
熱，使香味擴散。

2 把蛋黃、細砂糖、穩定劑混合在一起。

3 把1和2的材料混在一起，加熱至84℃，
和白巧克力混合乳化。

4

加入百香果果泥，擠成螺旋狀後，放進冷
凍庫凝固。

巧克力香緹鮮奶油

材料

35％鮮奶油…160g
55％黑巧克力…42g
38％牛奶巧克力…38g

1 加熱鮮奶油，倒進巧克力，用手持攪拌器
攪拌均勻。

2 放進冰箱冷藏一晚，隔天打發使用。

百香果杏桃醬

材料

百香果果泥…130g
杏桃果泥…220g
細砂糖…180g
果膠…4g

1 把2種果泥放進鍋裡，加熱至人體肌膚的
溫度。

2 把細砂糖、果膠一起倒入，煮沸。

巧克力可麗餅

5

在百香果白巧克力雪糕上面擠上巧克力香緹鮮奶油。

6

在巧克力香緹鮮奶油的兩端擠上檸檬奶油醬，然後放上金箔。

3

在可麗餅半邊擠上檸檬奶油醬，在其間裝飾上水果。裝飾上茴香芹。

4

把擠成螺旋狀冷卻凝固的百香果白巧克力雪糕切好，放置在水果的旁邊。

組合

巧克力可麗餅
百香果杏桃醬
新鮮水果（草莓、香橙、百香果）
檸檬奶油醬
百香果白巧克力雪糕
巧克力香緹鮮奶油
金箔
茴香芹

1

把可麗餅切成20cm。

2

抹上百香果杏桃醬。

クローニー
Crony
老闆兼甜點主廚 春田理宏

法式巧克力蛋糕使用的法國KAOKA的可可，從栽培到巧克力製造，全程都採用有機栽培的公平貿易商品。可可豆的最大特色在於本身的強烈風味和濃郁香氣。使用有機食材的契機起源於2019年，全有機拉麵的姊妹店『Le sel』在京都開張的時候。『Le sel』是全面使用全有機JAS認證嚴選的食材與調味料，專門為家常菜或京茶飯等小會席套餐的最後一道料理提供拉麵的全新風格餐廳。「不光是滿足顧客品嚐美味料理時的幸福心情……滿足顧客的心情，滿足顧客的身體需求更是我們的希望，所以我們一直堅持挑選高營養價值的食材。然後，使用有故事的食材，也是非常重要的事情。」春田主廚說。另外，比起在主角食材當中添加某些不同的食材，『Crony』更重視的是「尊重素材的美味」。這次的法式巧克力蛋糕同樣也是以素材的美味為重點，採用的素材只有可可，唯一有變化的是溫度、質地和香氣等表現，讓顧客充分享受到可可本身的美味。在味道構成沒有改變的情況下，只要改變素材的狀態，將素材製作成甜點，就能創造出法式巧克力蛋糕所沒有的溫度和口感。春田主廚說：「我希望讓顧客品嚐到唯有餐廳才有的獨特料理。希望充分運用可可的特性，創造出引誘出可可魅力的一盤。」

聚焦於素材，創造出非凡的一盤

Crony
- ■地址／東京都港区西麻布2丁目2-25-24
  NISHIAZABU FTビルMB1F（半地下1階）
- ■電話／03-6712-5085
- ■營業時間／18:00～凌晨2:00　套餐18:00～20:00
  （L.O.）　wine bar 21:30～凌晨1:00（L.O.）
- ■公休日／星期日、其他　不定期休
- ■URL／https://www.fft-crony.jp/

姊妹店Le sel
- ■地址／京都府京都市東山区清水4-148-6
- ■電話／075-748-1467
- ■營業時間／11:00～17:00（L.O.）
- ■公休日／星期三、其他　不定期休
- ■URL／
  https://www.instagram.com/le_sel_kyoto/

chocoholic

套餐中的甜點

chocoholic

巧克力酥餅碎

材料

低筋麵粉…50g
杏仁粉…50g
無鹽奶油…50g
細砂糖…50g
可可粉…10g

1 低筋麵粉和杏仁粉過篩備用。把所有材料
放進Robot Coupe食物處理機快速攪拌。

2 取出1的材料，彙整成團後，用保鮮膜包
起來，放進冰箱靜置。

3

把2的材料放在烤盤墊上面，在上面重疊
烘焙紙，用擀麵棍擀壓成厚度2～3mm。

巧克力慕斯

氮氣巧克力

該怎麼做，才能把這種巧克力變得更加美味呢？於是，
超喜歡巧克力的春田主廚就以「專為巧克力控所做的法
式巧克力蛋糕」為主題，構思出這麼一盤。為了讓巧克
力本身變得更加亮眼，完全不添加多餘的食材，只使用
巧克力的不同變化所構成。例如，如果是香氣濃郁的可
可，就透過加熱，讓香氣更加鮮明。如果是濃醇的可
可，就把它製成泡沫狀（ESPUMA），營造出富含空
氣的輕盈口感，讓香氣更容易在嘴裡擴散。除了單純的
冷熱變化之外，還要在冰涼當中，透過烹調法製作出各
種不同的鬆脆、柔滑和鬆軟口感……因為在嘴裡的口
感、餘韻各不相同，所以就把這些全部集中在同一盤。
KAOKA的可可採用可可感強烈，同時兼具水果香味和
芬芳花香的80％巧克力，和甜度稍有控制，帶有紅色果
香且口感醇和的55％巧克力。使用這些巧克力的各種配
料，藉著各種不同的比例和烹調法，為整體帶來更深奧
的美味。

巧克力慕斯

材料

巧克力（KAOKA，
　調溫黑巧克力，L'amitié 55%）
　…60g
黑巧克力（KAOKA，
　調溫黑巧克力，LA PEPA DE
　ORO 80%）…20g
鮮奶油（35%）…55g
蛋白…45g

1 把鮮奶油放進鍋裡，用小火加熱。

把 1 的鮮奶油煮沸後，加入2種巧克力，
用攪拌器充分攪拌融化。

巧克力醬

材料

可可粉…30g
細砂糖…30g
牛奶…30g
椰子油…15g

把全部的材料放進小鍋，用小火加熱，用
攪拌器攪拌。持續在溫暖的場所保溫，直
到出餐為止。

用180℃的烤箱烤7～8分鐘。

出爐後，放涼，用Robot Coupe輕輕攪
碎。

擺盤

材料（比例）

巧克力酥餅碎…1
巧克力醬…1
巧克力慕斯…2
泡沫巧克力…1

把搗碎的巧克力酥餅碎放在盤上。

用湯匙淋上溫熱的巧克力醬。

泡沫巧克力

材料

巧克力（KAOKA，
　調溫黑巧克力，L'amitié 55％）
　…50g
巧克力（KAOKA，
　調溫黑巧克力，LA PEPA DE
　ORO 80％）…50g
可可脂…15g

把2種巧克力隔水加熱，放入可可脂，融
化攪拌。

用液體氮氣冷卻調理盤。把材料放進
ESPUMA發泡器裡面，擠在充分冷卻的
調理盤上面，再放進冰箱冷藏凝固。出餐
之前，先放在冰箱內冷藏保存。

※如果沒有液體氮氣，也可以用冷凍庫冷凍調
理盤。如果直接把泡沫急速冷卻凝固，口感就
會變得鬆散，所以調理盤要確實冷卻。

關火，把充分打散的蛋白倒進 2 的鍋子
裡，放進ESPUMA發泡器裡面。出餐之
前，持續用57℃的恆溫水槽保溫。

擠出溫熱的巧克力慕斯。

擺上氮氣巧克力。

ロープ
L'aube

甜點主廚　平瀨祥子

因為母親開設麵包教室，所以平瀨主廚的身邊隨時都有材料、器具可用，因此，她從小就會自己動手做點心。高中畢業，到飯店就職後，接觸到甜點師的工作，便決定以甜點師為志。23歲前往巴黎，在老字號的『Stohrer』、餐廳『Jules Verne』和『TOYO』累積經驗。回國後，以餐廳甜點師活躍於業界，2020年更榮獲了Gault et Millau的最佳甜點師獎。

說到巧克力，她一直是香氣濃郁、口感醇厚的CACAO HUNTERS的粉絲。店內的糖果巧克力使用的是Valrhona，甜點則是使用CACAO HUNTERS。之後接觸到萬那杜產和越南產的巧克力後，應用的範圍就變得更廣。每種巧克力都有各自不同的氣味，全都是充滿魅力的巧克力。金澤市開張的『Laboratoire L'aube SHOKO HIRASE』也是由她負責監修，所以今後她也會積極地開發更多全新的巧克力甜點。

用巧克力的多元魅力創造全新甜點

L'aube
■地址／東京都港区東麻布1-17-9 アネックス2階
■電話／03-6441-2682
■營業時間／平日12:00〜15:00　18:00〜23:00
■公休日／星期日、星期一
■URL／https://www.restaurant-laube-en.com/i

173

玫瑰、大黃根、白巧克力
套餐中的甜點

黑森林

傑諾瓦士海綿蛋糕

材料

蛋白…228g
鹽巴…1撮
細砂糖…114g
可可粉…30g
牛乳…30g
葡萄籽油…36g
低筋麵粉…76g
牛奶巧克力…60g
肉桂、白荳蔻、茴香、芫荽，
　　全粉末…各3g

1. 牛乳加熱，和牛奶巧克力混在一起，加入溫熱的葡萄籽油攪拌。

2. 加入低筋麵粉、可可粉和香辛料攪拌，直到產生稠度。

3. 用細砂糖和蛋白，把蛋白打發至柔滑程度，和1的材料混在一起，倒進戚風蛋糕的模型，用170℃的熱對流烤箱烤20分鐘。

4. 切片成1公分的薄片後，用圓形圈模壓切。

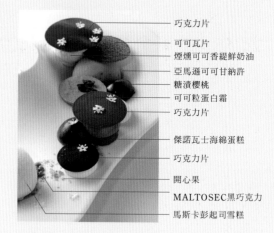

巧克力片
可可瓦片
煙燻可可香緹鮮奶油
亞馬遜可可甘納許
糖漬櫻桃
可可粒蛋白霜
巧克力片
傑諾瓦士海綿蛋糕
巧克力片
開心果
MALTOSEC黑巧克力
馬斯卡彭起司雪糕

稍微調降甜度的黑森林。金澤市的金子主廚全新接觸到萬那杜的可可，因而用它來製作出這道甜點。之後，她又為我們介紹了越南的可可。越南的可可帶有酸味，和黑森林裡面的櫻桃十分對味。這個邂逅的契機，讓她重新複習了前年的甜點，稍微做了味道的調整。越南的可可酸味、萬那杜的可可香氣，再加上亞馬遜的強烈味道。最後用燻木香氣將整體加以整合。擺盤的形象就是森林。就像是希望讓顧客一邊感受可可香氣的差異，一邊漫步在森林之中。

氮氣牛奶巧克力

材料

越南牛奶巧克力…200g
可可水…230g
明膠片…5.2g

把可可水加熱，加入明膠片。

和牛奶巧克力混合，裝進虹吸瓶裡面，填充氮氣。

亞馬遜可可甘納許

材料

牛乳…500g
蛋黃…160g
黑糖…75g
鮮奶油（35%）…200g
可可水※…100g
細蔗糖…205g
亞馬遜可可…255g
可可粉…42g

※可可水
把水1L和亞馬遜可可粒200g混在一起，靜置48小時後，過濾使用。

1 把鮮奶油放進鍋裡煮沸，和可可混合。

2 把可可粉和細砂糖混在一起，加入溫熱的可可水。

3 把1和2的材料混在一起。

4 用牛乳和蛋黃、黑糖烹煮安格列斯醬後，和3的材料混在一起。

5 倒進半圓形的模型裡冷凍，在營業前裏上可可脂。

可可瓦片

材料

翻糖…300g
水飴…200g
越南70%巧克力…200g

1 把翻糖、水飴放進鍋子熬煮至150℃。

2 加入巧克力攪拌。

3 倒在矽膠墊上面，攤平放涼。

4 冷卻後，用擀麵棍搗碎，用Robot Coupe食物處理機攪碎。再進一步用研磨機磨成更細的粉末。

5 用濾茶器將粉末均勻撒在矽膠墊上面，讓邊緣對齊之後，用刮刀切成四方形。

6 放進180℃的烤箱烤1～2分鐘，材料變透明之後，從烤箱中取出，馬上剝離。

7 用烘烤機一邊加熱一邊塑型。

8 放進裝有乾燥劑的容器內保存。

可可粒蛋白霜

材料

蛋白…70g
細砂糖…63g
糖粉…30g
可可粉…10g
可可粒（亞馬遜）…適量

1 用蛋白和細砂糖製作出九分發的蛋白霜。

2 加入過篩的糖粉和可可粉，用圓形圈模壓切出圓形薄片。

3 把可可粒放在上方，用70℃的烤箱乾燥4小時以上。

越南可可雪酪

材料

直徑3cm、深度1.5cm的
半圓形矽膠模　24個

70％越南可可…480g
黑糖…120g
鮮奶油（35％）…300g
可可水…700g
牛乳…200g

把牛乳、鮮奶油、黑糖混在一起煮沸。

把巧克力和1的材料混合攪拌。

隔天，把剩餘的鮮奶油打至六分發，和1的材料混合，過濾。

加入砂糖打發，用櫻花燻木燻製約15分鐘。放進冰箱冷卻後，調整成可擠花的硬度。

櫻桃酒香緹鮮奶油

材料

47％鮮奶油…100g
35％鮮奶油…100g
櫻桃酒…10g
細砂糖…16g
香草豆莢…0.4

把所有材料混合打發。

煙燻可可香緹鮮奶油

材料

鮮奶油（47％）…100g
Gâteau Manter…100g
蔗糖…14g
亞馬遜可可殼…20g

可可的殼用平底鍋稍微炒過，倒入2/3份量的鮮奶油，浸漬一晚。

7

將冷凍狀態的半球狀材料合併,組合成球狀。在這個狀態下冷凍備用。

8

出餐之前,裹上可可脂。

5

隔天用PACOJET食物調理機攪拌,裝進奶油槍的虹吸瓶裡面,填充氮氣。

6

把材料擠到矽膠墊,用抹刀抹平表面後,冷凍。

3

倒進溫熱的可可水,混合攪拌。

4

放進PACOJET食物調理機專用的鋼杯裡面,進行冷凍。

2 把裹上可可脂的越南可可甘納許雪酪、亞馬遜可可甘納許放置在盤子的上方部分。

把櫻桃酒香緹鮮奶油等距擠在盤子外側的4個位置（以時鐘的指針來說，就是6點、4點、3點、2點的位置）。

4 把煙燻可可香緹鮮奶油擠在3的櫻桃酒香緹鮮奶油的左邊。

5 放置糖漬櫻桃（放在櫻桃酒香緹鮮奶油附近的4個位置）。

6 把氮氣牛奶巧克力擠在1的傑諾瓦士海綿蛋糕的上面。

7 放置巧克力片（4種、4個位置）。6點鐘位置的櫻桃酒香緹鮮奶油的上面放越南可可70%、4點鐘位置的櫻桃酒香緹鮮奶油的上面放萬那杜可可70%、6的氮氣牛奶巧克力上面放越南可可40%、5的煙燻可可香緹鮮奶油的上面放亞馬遜可可100%、4點鐘位置的櫻桃酒香緹鮮奶油的旁邊，放置裹上可可脂的越南可可雪酪。

8 在3的亞馬遜可可甘納許的上面和7的越南可可雪酪的上面放置可可瓦片。

9 把馬斯卡彭起司雪糕放在1的開心果上面。

10 把可可粒蛋白霜放在3的亞馬遜可可甘納許的右下方。

11 撒上接骨木花。

MALTOSEC黑巧克力

材料

MALTOSEC（增稠劑）…60g
白巧克力…280g

1 把白巧克力融化，倒進MALTOSEC（增稠劑）裡面。

2 用橡膠刮刀輕輕攪拌。

3 接著，用手一邊搓揉，彙整成團後，一邊撕碎呈鬆散狀。

4 放進冰箱冷卻，變硬之後，用Robot Coupe食物處理機攪碎成粉末。

擺盤

傑諾瓦士海綿蛋糕
開心果
亞馬遜可可甘納許
馬斯卡彭起司雪糕
可可甘納許雪酪
亞馬遜可可
櫻桃酒香緹鮮奶油
煙燻可可香緹鮮奶油
糖漬櫻桃
氮氣牛奶巧克力
巧克力片
可可瓦片
可可粒蛋白霜
越南可可70%
萬那杜可可40%
越南可可40%
亞馬遜可可100%
接骨木花

把一片海綿挖空的傑諾瓦士海綿蛋糕放置在盤子中央，將搗碎的開心果撒上盤子外側。

糖漬櫻桃用糖漿

材料

美國櫻桃…600g
水…1L
細砂糖…220g
可可粒…120g

1 把水、細砂糖、美國櫻桃放進鍋裡煮沸，用小火熬煮至櫻桃變軟為止。

2 把鍋子從火爐上移開，蓋上廚房紙巾，加入可可粒。

3 在冰箱內靜置約2天後再使用。

雪酪用糖漬櫻桃

材料

雪酪用糖漬櫻桃…適量
細砂糖…200g
水…200g
櫻桃酒…200g

1 把所有材料放進鍋裡熬煮，冷卻後切碎，在製冰的時候混入。

馬斯卡彭起司雪糕

材料

馬斯卡彭起司…500g
細砂糖…200g
牛乳…700g
蛋黃…60g
雪酪用糖漬櫻桃…適量…600g

1 用牛乳和蛋黃、細砂糖熬煮安格列斯醬。

2 冷卻後，和馬斯卡彭起司混合，放進PACOJET食物調理機用的鋼杯裡面，進行冷凍。

3 在準備使用之前，用PACOJET食物調理機攪拌，加入切碎的雪酪用糖漬櫻桃攪拌。

玫瑰、大黃根、白巧克力

玫瑰冰淇淋

材料

牛乳…1300ml
蛋白…200g
細砂糖…300g
鮮奶油（35％）…250g
花瓣…34g（1份比例）

1 玫瑰花把花蕊和花瓣分開。把牛乳和玫瑰的雄蕊、雌蕊一起煮沸後，浸泡10分鐘。

2 把蛋白和細砂糖一起搓磨攪拌，加熱直到75℃。

3 過濾後，用冰水冷卻，加入鮮奶油。

4 放進PACOJET食物調理機用的鋼杯裡面，依照相對於材料400g份量的比例，加入34g的花瓣，進行冷凍。

5 營業前，啟動PACOJET食物調理機，將材料製成冰淇淋。

大黃根與覆盆子的氮氣白巧克力

材料

大黃根果泥…225g
覆盆子果泥…75g
白巧克力（IVOIRE）…300g
奶油…40g

1 把果泥混在一起加熱，倒入IVOIRE白巧克力混合，放涼後，加入奶油。

2 裝進氮氣虹吸瓶，填滿氮氣，放置一晚。

糖脆片
大黃根與覆盆子的
氮氣白巧克力
玫瑰冰淇淋
甜菜根粉
醃漬覆盆子
糖漬大黃根

以玫瑰和其香氣為主題的甜點。玫瑰來自於採用無肥料、無農藥栽種，位於神奈川縣的橫田農園，玫瑰的香氣十分奢華且艷麗。糖漬大黃根和荔枝果泥混在一起浸漬，再搭配上白巧克力的輕盈慕斯。香甜的玫瑰冰淇淋和白巧克力，加上醃漬覆盆子，不僅酸味變得更加鮮明，也讓玫瑰香氣更加清晰。大黃根盛產的初夏季節，玫瑰的香氣還不會很濃郁，所以就重點添加了木槿花或紅紫蘇的香氣。玫瑰香氣的調整是這道甜點的基本，因此，這同時也是平衡控制整體氣味的重要部分。雖然白巧克力並不是味道的主角，不過卻肩負維持整體協調，以達到溫和口感的重要任務。

用Robot Coupe食物處理機粉碎，用濾茶器將粉末均勻撒在矽膠墊上面，切成四方形。

放進180℃的烤箱的1～2分鐘，材料變透明之後，從烤箱中取出，馬上剝離。

糖脆片

材料

翻糖…130g
水飴…100g
可可脂…12g

把翻糖和水飴放進鍋裡，烹煮至170℃。

加入可可脂，倒在矽膠墊上面。

糖漬大黃根用糖漿

材料

水…1L
細砂糖…200g
大黃根…適量
紅紫蘇…適量
檸檬…1.2片

1 把水、細砂糖和紅紫蘇混在一起烹煮，直到產生香氣和顏色。

2 放涼後，把外皮殘留狀態的大黃根和1的糖漿真空包裝，用70℃的熱對流烤箱加熱10至20分鐘，在保留硬度的狀態下，從烤箱內取出，急速冷卻。

3 冷卻後，倒進容器，加入檸檬片，放置一晚。

4 營業前切碎，放進圓形圈模。

接著，用手搓揉，彙整成團之後，撕碎成
鬆散狀。

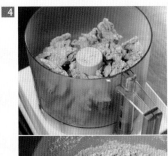

放進冰箱冷卻，變硬後，用Robot Coupe
食物處理機攪拌成粉末。

醃漬覆盆子

材料

覆盆子酒…適量
細砂糖…適量
覆盆子…適量

1 把酒醋和細砂糖混在一起，放入覆盆子醃
漬一晚。

MALTOSEC白巧克力

材料

增稠劑（MALTOSEC）…50g
70％越南巧克力…280g
白巧克力…280g
洛神花茶茶葉…35g

1

將 白 巧 克 力 融 化 ， 倒 入 增 稠 劑
（MALTOSEC）。

2

用攪拌機攪拌成細碎粉末，加入用濾茶器
過篩的洛神花茶茶葉。用橡膠刮刀稍微攪
拌。

5

用烘烤機一邊加熱一邊塑型。

6

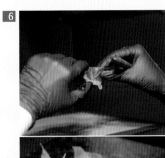

放進裝有乾燥劑的容器內保存。

玫瑰、大黃根、白巧克力

將糖脆片裝飾在上面。撒上甜菜根粉。

撒上微型紅紫蘇葉。

擺盤

玫瑰冰淇淋
糖漬大黃根
大黃根與覆盆子的氮氣白巧克力
白巧克力醬
糖脆片
醃漬覆盆子
MALTOSEC白巧克力
甜菜根粉
微型紅紫蘇葉

將高度切齊的大黃根擺放在盤中，中央裝飾醃漬覆盆子。

在上面擠上大黃根與覆盆子的氮氣白巧克力。

依序擠上白巧克力醬、MALTOSEC白巧克力、冰淇淋，然後淋上醬汁。

ビズ カグラザカ
bisous 神楽坂

老闆兼甜點主廚　村田敏範

村田主廚認為，蛋糕店的蛋糕和餐廳甜點的最大差異在於，一個人單獨享用的蛋糕，又或者是吃完料理之後吃的蛋糕。因為餐廳的甜點都是在餐後飽足的狀態下吃的，所以比起份量或是味覺方面的充實感，輕盈的口感或是豐富多樣的口感變化、餐後畫下完美句點的視覺享受、現場製作的臨場感，反而更能夠滿足顧客，因此，這也是我比較重視的部分。雖然巧克力蛋糕給人的強烈印象都是秋天和冬天，不過，只要依照季節印象，在春天或夏天製作，有時反而能創造出意外樂趣。至於味道方面，我的店是以套餐料理為主體，所以我比較重視菜單上的味覺感受。雖然餐點最後的甜點一定要能滿足顧客才行，可是，如果那份滿足感太高，反而會讓料理的印象或感動變淡。使用巧克力製作蛋糕時，巧克力本身就是重口味的食材。可是，相對之下，料理的味道反而會變得輕淡，所以在使用巧克力的同時，我會盡可能傾向輕盈的口感。因此，例如，利用鬆軟的口感，減緩留在嘴裡的餘味，或是搭配水果的酸味，展現出清爽的口感。

重視輕盈或口感的變化、視覺的享受

bisous 神楽坂
■地址／東京都新宿区神楽坂5-43-2 ROJI神楽坂2階
■電話／03-3267-1337
■營業時間／11:30〜14:00　18:00〜22:00
■公休日／星期一、星期五的午餐
■URL／http://bisous-kagurazaka.com

水饅頭
套餐的一道

巧克力可樂餅
套餐的一道

嘉禾舞曲
套餐的一道

189

皇家法式巧克力蛋糕

皇家法式巧克力蛋糕
材料（20人份）
巧克力…400g
奶油…110g
蛋黃…8個
細砂糖（蛋黃用）…65g
蛋白…6個
細砂糖（蛋白用）…65g
鮮奶油…250g

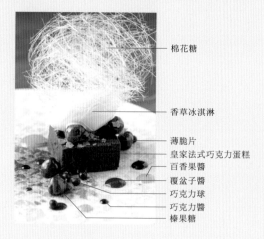

棉花糖
香草冰淇淋
薄脆片
皇家法式巧克力蛋糕
百香果醬
覆盆子醬
巧克力球
巧克力醬
榛果糖

1

把巧克力和奶油放進鋼盆，隔水加熱，攪拌融化。基本上，材料會從40℃開始融化，不過，如果溫度太高，就會產生分離，所以必須多加注意。如果用微波爐，有時反而會導致焦化。奶油融化，持續攪拌，產生光澤，就完成了。

皇家法式巧克力蛋糕是從開業初期就開始全年提供的特製商品。法式巧克力蛋糕是十分常見的蛋糕。許多人都有吃過，也會感覺比較安心。不過，也正因為如此，為了遠超出顧客的期待感，就必須創造出本店才有的獨特魅力。因此，就用口感和擺盤來提高附加價值。這道甜點本來就是享受巧克力本身美味的蛋糕，所以採用的調溫巧克力是Valrhona的「CARAIBE」。這款巧克力的可可含量是66％。就像烤過的堅果那樣，香氣很棒，同時又有甜味。所以就選擇了讓人感覺熟悉的味道。甚至，傳統蛋糕給人的印象就是大量的發泡鮮奶油。發泡鮮奶油能夠舒緩沉重的口感，而那種沉重口感是來自於麵粉的使用，因此，主廚利用不使用麵粉的方式來製作出輕盈感，再進一步搭配發泡鮮奶油和蛋白霜，讓舌尖上的觸感顯得蓬鬆，感覺更加輕盈。然後搭配水果製成的醬汁，利用醬汁的酸味，享受清爽的餘韻。

2

在1的巧克力融化的期間，把蛋黃和砂糖放進另一個鋼盆，充分搓磨攪拌。

8

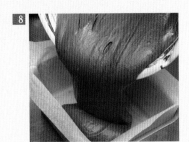

蛋白霜攪拌均勻後，倒進舖有烘焙紙的模型裡面。

9

把烘焙紙封起來，上方再用鋁箔當成蓋子，確實蓋緊。

10

放進溫度140℃、濕度60％的熱對流烤箱，烤40分鐘。

11

烤好之後，取出放涼，放進冰箱冷卻。

5

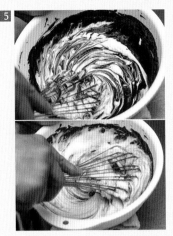

把4的鮮奶油倒進3的材料裡面混拌。

6

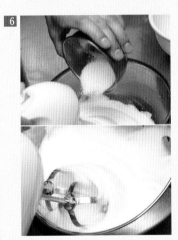

蛋白一邊打發，一邊把細砂糖分2～3次加入，製作出尖角挺立的蛋白霜。

7

把6的蛋白霜倒進5的鋼盆裡面，改用橡膠刮刀攪拌，同時避免壓破氣泡。

3

2的蛋黃呈現泛白後，把1奶油和巧克力混合的材料倒入，充分攪拌均勻。

4

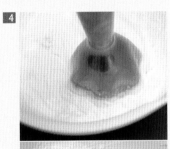

進一步用另一個鋼盆，把鮮奶油打成八分發。

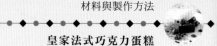

擺盤

1 把放涼的皇家法式巧克力蛋糕切開,調整形狀,裝在盤子裡面。依序配置上巧克力醬、覆盆子醬、百香果醬,再撒上榛果糖、巧克力球。

2 在法式巧克力蛋糕的上面撒上薄脆片,放上榛果糖,附上香草冰淇淋,裝飾上棉花糖。

香草冰淇淋

材料(20人份)

牛乳…500g
香草豆莢…2支
蛋黃…6個
細砂糖…225g
鮮奶油…250g

1 香草豆莢把豆莢撬開,刮下裡面的種籽,連同豆莢、牛乳一起放進鍋裡加熱。

2 蛋黃和細砂糖攪拌至呈現泛白的程度。

3 1的材料煮沸後,倒進2的材料裡面攪拌均勻,倒回鍋裡,用小火加熱至82℃。

4 把鍋子從火爐上移開,加入鮮奶油,充分攪拌後,放進冰淇淋機裡面,製成冰淇淋。

榛果糖

材料

榛果…適量
細砂糖…適量
水…少許

1 把細砂糖和水倒進鍋裡加熱,細砂糖融化,溫度達到125℃之後,放入榛果,快速攪拌。

2 攪拌之後,糖分會呈現結晶化,如果再持續攪拌,就會呈現焦糖化,然後就把鍋子從火爐上移開,將榛果攤平在烘焙紙等場所,放冷。

巧克力醬

材料(20人份)

義大利香醋…適量
巧克力…適量

1 把義大利香醋放進鍋裡加熱,溫熱後,放入巧克力熬煮,放涼作為醬汁。

覆盆子醬

材料(20人份)

覆盆子果泥…100g
蜂蜜…15g
橄欖油…30g

1 把所有材料混合,作為醬汁。

百香果醬

材料(20人份)

金柑…10個
白葡萄酒…150g
細砂糖…30g
百香果果泥…150g

1 金柑去除種籽,切成丁塊。

2 連同白葡萄酒、細砂糖一起,把1的材料放進鍋裡加熱。

3 熬煮後,連同百香果果泥一起放進攪拌機攪拌。

4 攪碎後過濾,放冷。

水饅頭

杏仁糖

材料（20人份）

杏仁碎…適量
細砂糖…適量
覆盆子果泥…適量
水…少許

1 把細砂糖、覆盆子果泥、水放進鍋裡加熱融化，溫度達到125℃之後，倒入杏仁攪拌，糖分結晶化之後，取出，放涼。

覆盆子泡泡

材料（20人份）

覆盆子果泥…10g
檸檬汁…5g
水…500g
大豆卵磷脂…5g

1 把所有材料混合，灌入空氣，製作成細緻的泡泡。

水饅頭

材料（20人份）

皇家法式巧克力蛋糕
　（參考○○頁）…20g×20個

葛粉…50g
細砂糖…50g
水…300g
銀箔（噴霧）…少許

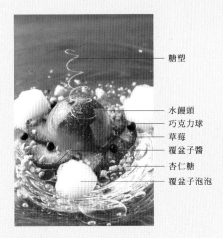

糖塑
水饅頭
巧克力球
草莓
覆盆子醬
杏仁糖
覆盆子泡泡

雖然我的店是法國料理店，不過，有時也會在食材或器皿等部分添加一點日式的要素，藉此演繹出親切感。因此，讓人感受到日式氛圍的甜點，不是也挺有趣的嗎？於是就有了這麼一道甜點。其實，提供皇家法式巧克力蛋糕的時候，為了調整蛋糕的形狀，我都會把邊緣部分切掉，所以就會產生多餘的部分。而再次利用那些多餘部分，也是這道甜點的目標之一。說到巧克力的甜點，大家的印象都停留在秋天至冬天的寒冷時期，不過，我的店裡則是準備了全年通用的菜單，因此，不讓人感受到厚重感，即便是夏季也能輕鬆享用，也是非常重要的要素。因此，我參考了日式甜點的水饅頭，用葛粉皮包裹內餡，視覺上也能帶來清爽感受。甚至，除了利用葛粉皮帶來視覺上的清涼感受之外，覆盆子泡泡和草莓也能在味覺上展現出清爽口感。

8

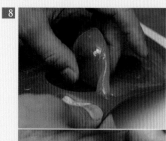

凝固後，葛粉皮就會呈現透明感。再根據顧客點餐，從多連矽膠模上面脫模使用。

擺盤

1

在取出的水饅頭表面噴上銀箔噴霧。

2 排列切片的草莓，在上面擺放1水饅頭。分別配置上覆盆子泡泡、杏仁糖、巧克力球，淋上覆盆子醬。在水饅頭的上面裝飾糖塑。

4

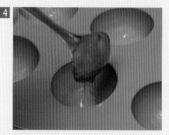

4的葛粉皮放涼後，先把1茶匙的葛粉皮倒進多連矽膠模。

5

放進搓圓的巧克力蛋糕體，用指尖輕輕按壓。

6

從巧克力蛋糕體上面澆淋4的葛粉皮。

7

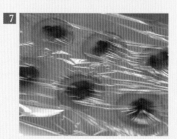

為防止乾燥，用保鮮膜緊密覆蓋材料，再放進冰箱冷卻凝固。

1

把皇家法式巧克力蛋糕剩餘的邊緣部分，分成特定份量，放在保鮮膜裡面，捲成包袱狀，放進冰箱冷藏備用。

2

製作葛粉皮。把葛粉和細砂糖、水放進鍋裡，確實攪拌融化後，用小火加熱。加熱之前必須先確實攪拌，以免產生結塊。

3

接著，材料會逐漸產生濃稠度。再進一步持續攪拌之後，就會呈現出透明感。當鍋緣開始咕嘟咕嘟冒泡後，差不多煮個15分鐘就可以了。

巧克力可樂餅

櫻桃慕斯

材料（20人份）

甜點師奶油醬
牛乳…500g
香草豆莢…1支
細砂糖…110g
蛋黃…6個
麵粉…40g
玉米澱粉…20g
萊姆酒…10ml

酸櫻桃的浸漬液…50g

1. 製作甜點師奶油醬。把香草豆莢裡面的種籽取出，連同豆莢一起放進裝有牛乳的鍋子裡加熱，加熱至快要沸騰的程度。

2. 把蛋黃和細砂糖攪拌至泛白程度，加入麵粉和玉米澱粉攪拌。

3. 把1的一半份量倒進2的材料裡面攪拌，攪拌均勻後，加入剩餘的一半份量攪拌。

4. 用錐形篩等道具過濾，倒回鍋裡，開中火烹煮。開始加熱後，會變得濃稠，不過，隨著熱度上升，就會變得比較稀。煮好之後，把鍋子從火爐上移開，加入萊姆酒攪拌。

5. 倒進鋪有保鮮膜的調理盤，進行密封，冷卻後，放進冰箱冷藏。

6. 5的材料冷卻後，取出，加入酸櫻桃的浸漬液攪拌。

巧克力可樂餅

材料（24人份）

可樂餅的內餡
巧克力…280g
奶油…350g
蛋黃…7個
細砂糖（蛋黃用）…80g
麵粉…15g
蛋白…7個
細砂糖（蛋白用）…55g

酸櫻桃（糖漿浸漬）…適量

糖粉…適量
玉米澱粉…與糖粉相同份量
雞蛋…適量
椰子細粉…適量

法式泡芙的裝飾
巧克力可樂餅
巧克力醬
櫻桃（裡面有櫻桃慕斯）
薄脆片

餐廳裡面的甜點還有另一個最大的作用，那就是為顧客帶來驚喜與樂趣。店家的印象也可能因此而大不相同。切開之後，裡面會流出液態巧克力的熔岩巧克力蛋糕，是一種演出性絕佳的甜點。那麼，有沒有什麼甜點可以符合本店的風格呢？於是這道甜點就出現了。正如甜點的名稱，這是種外觀很像可樂餅的巧克力甜點。不光是名字，就連外觀本身也能帶給人可樂餅的感覺。「這是甜點!?」，當顧客看到的時候，就會感到十分意外，同時就能激起顧客的好奇心。然後，切開之後，從裡面流出的巧克力，就能帶給顧客驚喜，為餐桌增添更多的樂趣。除了巧克力之外，裡面還有水果。巧克力很適合搭配水果，因為什麼水果都能搭，所以夏天會使用鳳梨或芒果，春天則是使用櫻桃、無花果，其他季節則是經常使用香蕉，這裡使用的是糖漿浸漬的酸櫻桃。巧克力麵糊和190頁的「皇家法式巧克力蛋糕」十分類似，不過，因為希望表現出切開的時候，有巧克力流出的動態感受，所以奶油的份量比較多一點。順道一提，麵衣不是麵包粉，而是使用符合甜點的椰子細粉。

攪拌均勻後，倒進容器，放進冰箱冷藏。

8

7的材料達到某程度的硬度後，取出，取1個放在保鮮膜上面。

9

把糖漿浸漬的酸櫻桃放在8的上面。

4

用另一個鋼盆把蛋白和剩餘的細砂糖打發，製作蛋白霜。

5

把1的巧克力和奶油搓磨攪拌，乳化後，倒入3的材料攪拌。

6

接著，倒入4的材料攪拌，避免擠壓氣泡。

1

製作巧克力可樂餅的內餡部分。巧克力和奶油放進鋼盆隔水加熱，融化攪拌。

2

把蛋黃和砂糖放進另一個調理盆，搓磨攪拌。

3

呈現泛白狀態後，加入麵粉，充分攪拌均勻。

196

7 把櫻桃的種籽挖掉，將櫻桃慕斯擠在中央，上面放上烤成樹葉狀的法式泡芙麵皮。

8 把呈現烤色的4可樂餅放置在正中央。

3 外面裹滿看起來像是麵包粉的椰子細粉。

4 放進半球狀的容器裡面，避免烘烤的期間變形，用200℃的烤箱烤10分鐘。

5 用巧克力醬在白色的盤子上描繪出花紋。

6 在5的中央撒上碎片狀的薄脆片。

10 把整體包成包袱狀，像是用巧克力把櫻桃包起來似的，放進冰箱冷卻凝固。

擺盤

1 凝固後，拿掉保鮮膜，利用可樂餅包裹上麵衣的要領，在外表沾上相同比例的糖粉和玉米澱粉。

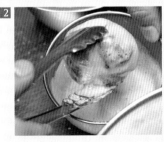

2 接著，裹上蛋液。

嘉禾舞曲

法式白巧克力蛋糕

材料（4人份）

白巧克力…120g
奶油…30g
蛋黃…3個
蛋白…3個
細砂糖…30g
低筋麵粉…40g
鹽巴…1小匙

糖塑
巧克力醬
薰衣草冰淇淋
巧克力球
薰衣草慕斯
法式捲餅餅皮
法式白巧克力蛋糕、薰衣草慕斯
薰衣草慕斯

法國有一種名為「Gavotte（法式捲餅）」，用可麗餅把巧克力捲起來的市售點心。嘉禾舞曲（Gavotte）就是以法式捲餅為靈感，以春天為形象的蛋糕。最大的特色是，這道甜點的法式巧克力蛋糕是用可可含量35％的白巧克力所製成。說到法式巧克力蛋糕，通常都是以黑色或褐色為形象，所以用白巧克力的白色來製作，就能更加凸顯出奇特的個性。雖然巧克力感沒有很多，不過，充滿乳香的口感十分柔滑。和水果之間的搭配也相當契合。另外，也更能凸顯出粉紅色的淡色系，所以就更容易營造出春天的形象。蝴蝶造型的糖塑，和薰衣草冰淇淋一起搭配，就連器皿也充滿了春天印象。白巧克力的油脂含量較多，如果長時間加熱就會變硬，所以要用極小火慢慢融化，或是用大火快速融化，這是烹調上的重點。另外，薄烤餅皮使用的平底鍋是在法國購買的鬆餅用平底鍋。日本很難買到這種平底鍋，所以也可以用平底鍋薄煎，然後再掰成碎片使用。就以一邊使水分揮發，一邊讓餅皮乾燥的感覺下去煎烤。

1

製作法式白巧克力蛋糕。白巧克力和奶油一起放進調理盆，隔水加熱融化。

2

把蛋白和細砂糖放進另一個調理盆，將蛋白霜打發。

3

1的材料融化後，充分攪拌均勻，倒入蛋黃，再進一步攪拌均勻。

不要採用直火，用烤箱烤。就以讓麵糊的水分揮發的感覺下去烤。

剛出爐的餅皮還很軟，所以要放在平坦的地方，冷卻備用。

薰衣草慕斯

材料（4人份）

甜點奶油醬（參考195頁）…300g
薰衣草糖漿…10g
黑醋栗奶油醬…10g
鮮奶油…60g
細砂糖…5g

1 把甜點奶油醬進一步過濾。

2 把鮮奶油、細砂糖放進調理盆打發。

3 把2的材料、薰衣草糖漿、黑醋栗奶油醬放進1的甜點奶油醬裡面攪拌。

法式捲餅

材料（入料量）

麵粉…50g
砂糖…90g
蛋白…120g
水…520g
鹽巴…4g
肉桂粉…少許
奶油…50g

製作麵糊。把所有材料混合，放進冰箱靜置15分鐘。

倒進沒有抹油的鐵氟龍平底鍋。店裡使用的是在法國購買的鬆餅專用鐵氟龍平底鍋。

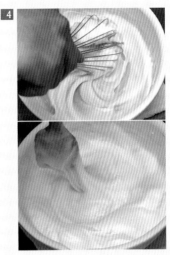

攪拌均勻後，倒入2的蛋白霜攪拌，避免擠破氣泡。攪拌均勻後，加入低筋麵粉和鹽巴攪拌。

倒進舖有烘焙紙的模型裡面，用鋁箔當蓋子，用180℃烤10分鐘。

烤好之後，取出。放涼後，放進冰箱冷卻。

6

在餅皮上面放上法式白巧克力蛋糕。重複
3～5的步驟4次。

7

最後擠上薰衣草奶油醬，放上巧克力球。
把薰衣草冰淇淋塑型成紡錘狀放在上方，
再淋上巧克力醬。裝飾上蝴蝶造型的糖
塑。

2

法式白巧克力蛋糕冷卻後，切成1cm厚
度，5cm左右的方塊。

3

把切好的2法式白巧克力蛋糕放在1描繪
的花紋上面。

4

在法式白巧克力蛋糕上面擠出薰衣草奶油
醬。

5

放上法式捲餅。

薰衣草冰淇淋

材料（20人份）

蛋黃…6個
牛乳…500g
細砂糖…200g
鮮奶油…250g
乾燥薰衣草（烘焙用）…15g
薰衣草糖漿…10g
黑醋栗奶油醬…15g

1 把牛乳放進鍋裡加熱煮沸。

2 煮沸後，關火，加入乾燥薰衣草，約放置
15分鐘，使香氣擴散。

3 把蛋黃、細砂糖放進調理盆，搓磨攪拌至
泛白程度。

4 把2的材料少量分次加入調理盆攪拌。

5 把4的材料倒回鍋裡，用小火慢慢加熱至
83℃，用橡膠刮刀攪拌。

6 溫度達到83℃後，把鍋子從火爐上移開，
過濾到調理盆裡面，隔著冰水冷卻。

7 冷卻後，加入鮮奶油、薰衣草糖漿、黑醋
栗奶油醬，放進冰淇淋機裡面製成冰淇
淋。

擺盤

1

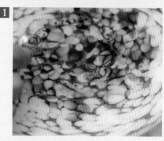

用薰衣草奶油醬在盤子上面描繪出花紋。

Sublime

スブリム

主廚　加藤順一

位於麻布十番的『Sublime』有許多外國顧客。此外，由於飲食愛好逐漸趨於多樣化，再加上素食主義者也有增多的趨勢，『Sublime』現在也會構思滿足低糖、無麩質、素食需求的菜單。「choco organic 7k」是多明尼加栽培的100%有機可可。加藤主廚十分喜歡這款有機可可的獨特煙燻香氣、苦味和餘韻，因此，便用這款有機可可開發了素食有機法式巧克力蛋糕。加藤主廚從修業的北歐時期就一直很喜歡有機食材。在北歐的時候，他會親自去摘採野生的香草或花，然後用那些花或香草搭配甜點。把香車葉草（Woodruff；有香草香味的香草）或玫瑰果（Rose Hip）的花製作成糖漿，或是用酒醋醃漬，都很適合搭配可可。現在他則十分重視日本代表食材的使用。加藤主廚會特別留意「日本風格」，經常用柑橘類的食材來搭配甜點。薰香檸檬和可可的搭配也十分有趣。除此之外，也會把蜂花粉塗抹在蜂蜜和巧克力製成的甘納許周圍，再以一口大小的單人份甜點供餐。加藤主廚非常重視食品浪費的問題，同時也很積極採用稀有食材。他說：「了解食材的背景，靈活運用素材，都是非常重要的要素。我希望不光只是做，而是設定主題，然後再進行創造」。

運用日本的素材，以國際化的觀點追求獨創性！

Sublime

■地址／東京都港区東麻布3-3-9 Annex麻布十番 1階
■電話／03-5570-9888
■營業時間／午餐12:00～15:00（L.O.13:00）
　晚餐18:00～23:00（L.O.21:00）
■公休日／星期一、星期日的晚餐、第二個星期日的午餐
■URL／http://www.sublime.tokyo/

Vegan法式巧克力蛋糕、
巧克力雪寶、
冷凍巧克力慕斯

Vegan法式巧克力蛋糕
材料

可可塊（Choco Organic 7k，
　Chocolate Amargo100％
　cacao）…150g
椰奶…250ml
椰子細粉…15g
香草豆莢…1/4支
細蔗糖…60g
泡打粉…2小匙
小蘇打…1小匙
高筋麵粉…140g
椰子油…40ml
糖漬蘋果果醬※…50g
Vegan巧克力醬※…適量
可可粒…適量

用菜刀把可可塊切成細碎。把切碎的可可塊、椰奶放進鋼盆，隔水加熱融化。

把香草豆莢橫切對半，取出裡面的種籽，把椰奶、椰子細粉、香草豆莢的種籽放進鍋裡，一邊用中火加熱，一邊用橡膠刮刀攪拌。鍋子邊緣開始咕嘟咕嘟冒泡，就可以關火。

—冷凍巧克力慕斯
—巧克力雪寶
—法式巧克力蛋糕

「Vegan有機法式巧克力蛋糕」不使用乳製品，直接運用濃醇可可本身的強烈味道。因為採用的食材不是巧克力，而是直接從可可塊的狀態開始製作，因此，獨特的香氣、苦味、餘韻的均衡會更勝一籌。因為是套餐料理中的一盤，所以選擇口感輕盈的搭配，營造出初夏甜點的氛圍。帶有隱約椰香的法式巧克力蛋糕、口感柔滑的巧克力雪寶、以巧克力岩為形象，用液體氮氣製成的冷凍巧克力慕斯，依序重疊擺盤。冷凍巧克力慕斯為了讓可可的芳醇感受更深刻，刻意用水製作，另外，利用液體氮氣進行冷凍，讓內部充滿空氣，製作出鬆軟、入口即化的口感。法式巧克力蛋糕添加帶有八角和白荳蔻香氣的糖漬蘋果，調和出柔滑的口感。抹上可可奶油醬，把可可粒撒在表面，增添酥脆與微苦，讓口感更充滿強烈對比。

8

用180℃的烤箱烤20分鐘。

9

把出爐後的法式巧克力蛋糕從模型內取出,放涼後,用攪拌刮刀把巧克力醬塗抹在表面。撒上可可粒。

6

把糖漬蘋果果醬、可可油倒進5的鋼盆,用橡膠刮刀攪拌。

7

在15cm(高度6cm)的模型裡面鋪上烘焙紙,把6的材料倒入。用橡膠刮刀將表面抹平。

3

把2的材料放進1的鋼盆,用橡膠刮刀攪拌。

4

把細蔗糖、鹽巴放進3的鋼盆,用橡膠刮刀攪拌均勻。

5

把泡打粉、小蘇打、高筋麵粉放在一起過篩。過篩後,放進4的鋼盆,用橡膠刮刀攪拌均勻。

Vegan巧克力雪寶

材料

水…300g
細砂糖…150g
水飴…50g
可可塊（Choco Organic 7k，
　Chocolate Amargo100%
　cacao）…200g

1 用菜刀把可可塊切碎。

2 把水、細砂糖、水飴放進鍋裡，加熱煮沸。

3 把2的材料倒進1的鋼盆裡面，用手持攪拌機攪拌。

4 放進PACOJET食物調理機的容器裡面，放進冷凍庫冷凍。

※Vegan巧克力醬

材料

可可塊（Choco Organic 7k，
　Chocolate Amargo100%
　cacao）…50g
椰奶…30g

1 用菜刀把可可塊切碎。

2 把椰奶、可可塊放進鋼盆，隔水加熱融化。

※糖漬蘋果果醬

材料

蘋果…1/4個
白荳蔻…1顆
八角…1/2瓣

1 把蘋果皮削掉。將蘋果、白荳蔻、八角放進耐熱盤，蓋上蓋子，用700W的微波爐加熱約5分鐘。

2 拿掉白荳蔻和八角，搗碎成膏狀。

Vegan法式巧克力蛋糕、巧克力雪寶、冷凍巧克力慕斯

擺盤

材料

法式巧克力蛋糕…1塊（75g）
巧克力雪寶…1勺（30g）
冷凍巧克力慕斯…1塊（15g）

1 法式巧克力蛋糕切塊，裝盤。

2 用湯匙撈取巧克力雪寶，放在法式巧克力蛋糕上面。

3 把噴上液體氮氣的冷凍巧克力慕斯放在2的上面。

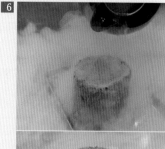

把5的材料倒在調理盤上，噴上液體氮氣。修整形狀。

※噴上液體氮氣，修整形狀後，馬上擺盤上桌。動作要快速，避免液體氮氣的白煙消失。

Vegan冷凍巧克力慕斯

材料（4人份）

可可塊（Choco Organic 7k，Chocolate Amargo100% cacao）…100g
水…100g
細砂糖…100g
水飴…50g

1 用菜刀把可可塊切碎。

2 把水、細砂糖、水飴放進鍋裡，加熱煮沸。

3 把2的材料倒進1的鋼盆裡面，用手持攪拌機攪拌。

4 把3的材料放進ESPUMA發泡器的瓶子裡面。冷卻至常溫程度。

用氮氣填充發泡器，把4的材料放進可以真空保存的梅森罐（Mason jar）裡面。打開真空機，讓內部含有3倍的空氣。放進冷凍庫冷凍。

Florilège

フロリレージュ

老闆兼主廚　川手寬康

使用「看得到原貌的食材」是川手主廚的一貫堅持。該店使用亞馬遜可可的時候，川手主廚甚至還親自跑到亞馬遜親自挑選。亞馬遜可可是在秘魯的塔拉波托縣，以不使用農藥的方式細心栽種的稀有可可豆。亞馬遜可可有著醇厚高雅的香氣、沒什麼雜味、微苦之後又帶有獨特的甜味，同時還有種果香酸味。川手主廚對亞馬遜可可情有獨鍾，只要製作甜點就一定非亞馬遜可可莫屬。夏天，他會把亞馬遜可可製作成巧克力慕斯，在上面覆蓋京都產紅紫蘇的片狀果凍，然後再淋上紅紫蘇的醬汁。另外，可可和味噌或山椒等日本食材也相當速配。只要把可可視為食材，不要只是把可可當成巧克力的原料，就能激發出更多的靈感，不受框架限制。在台北開設姊妹店「logy」，同時被選為「亞洲50間最佳餐廳（Asia's 50 Best Restaurants）」的這家店，也經常造訪各地，前往國內外舉辦活動。

在國外的時候，川手主廚必定會親自前往市場，挑選食材，製作甜點。例如，在南美的時候，他會把榴槤可可（Macambo；可可的親戚，巨大果實裡面的種籽，口感和堅果十分類似）拿來烘烤，再搭配用鹽巴和奶油香煎的食材，或是搭配白巧克力和紅色水果。

「最重要的事情是，用料理表現哲學，是否確實將傳達給某人的訊息盛裝在盤裡。」川手主廚說。

投射哲學與季節，表現出訊息性

Florilège
■地址／東京都渋谷区神宮前2-5-4 SEIZAN外苑 B1
■電話／03-6440-0878
■營業時間／午餐12:00〜13:30（L.O.）、晚餐18:30〜20:00（L.O.）
■公休日／星期三、其他　不定期休假
■URL／https://www.aoyama-florilege.jp/

姊妹店 Logy
■地址／台北市大安區安和路一段109巷6號1樓
電話／非公開
營業時間／午餐12:00〜15:00（L.O.12:30）、晚餐18:30〜22:30（L.O.19:30）
※午餐僅有星期四〜星期日供應
公休日／星期一、二
■URL／https://logy.tw/

卡芒貝爾乳酪法式巧克力蛋糕
套餐中的甜點

卡芒貝爾乳酪法式巧克力蛋糕

卡芒貝爾乳酪法式巧克力蛋糕

材料

12cm蛋糕模型　3個

卡芒貝爾乳酪A（Le Rustique）
…210g
無鹽奶油…90g
亞馬遜可可…300g
細砂糖A…192g
蛋黃…330g
蛋白…225g
細砂糖B…120g
低筋麵粉…90g
玉米澱粉…15g
卡芒貝爾乳酪B（Le Rustique）
…90g

白乳酪奶油醬

卡芒貝爾乳酪
法式巧克力蛋糕

製作蛋白霜（與步驟2和3的作業同步實施）。把少量的細砂糖B放進蛋白裡面，用桌上攪拌機打發。剛開始用低速，細砂糖分2次加入。加入第2次的細砂糖之後，改用中速打發。最後用中高速打發，直到產生光澤為止。

把卡芒貝爾乳酪A、奶油、可可、細砂糖A放進鋼盆，隔水加熱融化，用攪拌器攪拌均勻。

可以同時享受到亞馬遜可可的濃醇風味和香氣，以及香醇卡芒貝爾乳酪的法式巧克力蛋糕。法式巧克力蛋糕的表面用瓦斯烤箱烘烤，讓亞馬遜可可和卡芒貝爾乳酪合奏出美妙、芳香的二重奏，和內部一分熟的口感形成強烈對比。把可可料糊倒進裝乳酪的空盒裡，然後再放進切成一口大小的乳酪，烘烤上桌。這樣就能讓輪廓更加鮮明，而且味道也不會輸給風味豐富的可可。出爐之後，濃稠的乳酪就會從法式巧克力蛋糕裡面流出。提供給客人的時候，直接以出爐的狀態上桌，然後直接用湯匙撈取供餐。隨附帶有隱約酸味和清爽味道的白乳酪奶油醬，製作出可享受清爽餘韻的一盤。為了充分感受到可可的芳醇風味，亞馬遜可可直接從可可塊的狀態使用。使用的食材盡可能簡單，不添加任何多餘的食材。與其搭配的是Le Rustique卡芒貝爾乳酪。卡芒貝爾乳酪在舌尖融化的特殊乳香柔滑感，非常符合熔岩巧克力的形象。乳酪會依照當時的季節而改變，例如布利乳酪或是在冬季的時候改用金山乳酪，也都十分對味。

8

將切成一口大小的卡芒貝爾乳酪B塞進 7
的料糊裡面。

9

用200℃的瓦斯烤箱烤15分鐘左右。

※烤好之後，直接端到顧客面前，當著顧客的
面，用湯匙撈取供餐。

※如果是乳酪盒子的大小，大約是2～3人份。
若是12cm的圓形圈模則是4～5人份。

白乳酪奶油醬

材料

白乳酪…50g
鮮奶油（43％）…50g
細砂糖…12g

1　把鮮奶油和細砂糖倒進鋼盆，用攪拌器打
　發。

2　把白乳酪倒進 1 的鋼盆裡面，用橡膠刮刀
　攪拌。

擺盤

材料

白乳酪奶油醬…1湯匙
卡芒貝爾乳酪法式巧克力蛋糕
　…1湯匙

1　撈取白乳酪奶油醬到盤子上面。

2　用湯匙撈取剛出爐的卡芒貝爾乳酪法式巧
　克力蛋糕，擺放到盤子上。

5

一邊把低筋麵粉和玉米澱粉過篩到 4 的鋼
盆裡面，一邊攪拌。

6

把 1 蛋白霜剩餘的2/3份量倒進 5 的鋼
盆，用攪拌器攪拌。

7

把烘焙紙鋪在卡芒貝爾乳酪的盒子裡面，
將 6 的料糊倒入。

3

融化後，把1/2份量的蛋黃倒進 2 的鋼
盆，用手持攪拌器攪拌乳化。倒入剩餘的
蛋黃，再次用手持攪拌器攪拌。溫度維持
在50℃左右，快速地處理。這個步驟也要
在打發 1 蛋白霜的期間實施。

4

把 1 蛋白霜的1/3份量倒進 3 的鋼盆裡
面，用橡膠刮刀輕輕混拌。

オマージュ

HOMMAGE

甜點主廚 **岡部淳志**（左）　　老闆兼主廚 **荒川 昇**（右）

　　就如「HOMMAGE」這個店名的意思。「HOMMAGE」充滿了許多向「傳統法國料理」致敬，充分展現那份情感，而將傳統的淺草風格與更多新穎、創新的靈感結合在一起的獨特料理。「HOMMAGE」總是經常藉由料理來表現淺草這個地區的風土民情，同時總是積極採用日本的獨有食材。「在持續傳承文化的傳統淺草。我希望將只有我才能表現的『法國與淺草的全新傳統』傳承下去」。日本並沒有用巧克力作為套餐最後一道餐點的文化，不過，「顧客一向都很喜歡用水果製作的甜點，所以我會經常觀察顧客的表情，努力找尋平衡點」。因此，法式巧克力蛋糕都是定位在小巧、少量。姊妹店『noura』是使用優質食材，提供正統法國料理的小酒館。即便是相同的法式巧克力蛋糕，『noura』仍會以一般圓形圈模的大小提供。這次的法式巧克力蛋糕是以寒冷季節提供作為預設。甜點除了味道之外，『香氣』和『溫度』也是感受美味的重要要素。溫熱、融化般的法式巧克力蛋糕，搭配冰冷的香緹鮮奶油，也是唯有餐廳甜點才能享受到的醍醐味。夏天的話，荒井主廚很喜歡採用巧克力和羅勒、檸檬的組合。除此之外，也有提供在蜂斗菜和牛奶巧克力慕斯上面撒上粉末狀亞馬遜可可雪酪的巧克力甜點。

從淺草出發　在尊敬傳統的同時，帶入全新風氣

HOMMAGE
■地址／東京都台東区浅草4-10-5
■電話／03-3874-1552
■營業時間／午餐11:30～15:00（L.O.12:30）
　晚餐18:00～22:30（L.O.20:00）
■公休日／星期一、星期二
■URL／http://www.hommage-arai.com/

姊妹店 noura
■地址／東京都台東区浅草4-10-6
■電話／03-6458-1255
■營業時間／午餐11:30～15:00（L.O.13:30）
　晚餐18:00～23:00（L.O.21:00）
　公休日前一天18:00～23:00（L.O.20:00）
■公休日／星期一、星期二
■URL／https://www.noura0815.com/

溫巧克力蛋糕佐蕎麥奶油
套餐中的甜點

溫巧克力蛋糕佐蕎麥奶油

烘烤巧克力蛋糕

材料

全蛋…150g
蛋黃…45g
細砂糖…75g
巧克力（Valrhona的GUANAJA）
…135g
奶油…150g
低筋麵粉（Violet）…75g
可可粒…約3g

─ 蕎麥風味的香緹鮮奶油

─ 法式薄餅

─ 烘烤巧克力蛋糕

1

把全蛋、蛋黃、細砂糖放進鋼盆，用攪拌器攪拌。

2

把巧克力放進調理盆，用700W的微波爐加熱。加熱時要一邊注意情況，避免焦黑。巧克力融化後，加入奶油，用橡膠刮刀攪拌。奶油完全融化後，倒進1的鋼盆裡面，用攪拌器攪拌均勻。

靈感源自於在法國修業的1990年代所承襲下來的食譜。淺草自古就有許多蕎麥屋，法國的布列塔尼則有煙捲餅乾等使用蕎麥粉的料理或點心。於是便試著將淺草和布列塔尼的當地形象組合在一起，改良成符合現代的甜點。在以傳統法國甜點的王道作為規範的同時，加上些許日本人的感性，創造出這麼獨特的一盤。濕潤、入口即化，同時又充滿可可芳醇香氣的法式巧克力蛋糕是剛出爐的溫熱狀態，然後依序重疊上法式薄餅、蕎麥香緹鮮奶油。法式巧克力蛋糕使用Valrhona的GUANAJA（可可70%），特徵是厚重且高雅的苦味與香氣，以及在嘴裡持續殘留的可可餘韻。微苦和酥脆口感的可可粒增加亮點。直接向銀座蕎麥屋採購的蕎麥，風味豐富。把蕎麥香緹鮮奶油放進嘴裡的瞬間，擴散的香氣令人感到心曠神怡。甚至，還把蕎麥搗碎成適當大小，炒出堅果般的香氣，再隨著甜點一起附上。

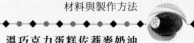

溫巧克力蛋糕佐蕎麥奶油

法式薄餅

材料

蛋白…90g
糖粉…75g
鹽巴…3g
可可粉…10g
低筋麵粉…35g
奶油…35g
水…410g

1

把奶油和水放進鍋裡加熱。注意避免煮沸，奶油融化後，關火。

2

把蛋白、糖粉、鹽巴放進鋼盆，用攪拌器攪拌。

3

把1的1/3份量倒進2的鋼盆，用攪拌器攪拌。

5

把可可粒鋪在盤子上，將冰箱取出的4，放在可可粒上面。用180℃的烤箱烤8分鐘。

※先入料至步驟4，擺盤的時候再從步驟5開始。以溫熱出爐的狀態，擺盤上桌。

3

低筋麵粉過篩，倒進2的鋼盆裡面，用攪拌器輕輕攪拌，之後改用橡膠刮刀攪拌。攪拌均勻後，裝進擠花袋。

4

在烘焙紙上面放置80cm圓形圈模，把3的材料（90g）倒入。放進冰箱靜置，直到麵糊凝固。

蕎麥香緹鮮奶油

材料

鮮奶油（38％）…100g
細砂糖…7g
蕎麥…10g

1

蕎麥先炒過，然後用攪拌機攪碎。

2

把細砂糖倒進鮮奶油裡面，打發後，加入
1的蕎麥，用攪拌器攪拌均勻。

5

用錐形篩過濾。放進冰箱靜置1天。

6

用烤箱把底部11cm的小型平底鍋加熱。
把5的材料從冰箱取出，煎烤之前先攪拌
一下，然後再倒進平底鍋裡面。用170℃
的烤箱，打開擋板，煎烤8～10分鐘。

※先入料至步驟5，擺盤的時候再從步驟6開
始。一出爐就馬上放在烘烤巧克力蛋糕上面，
擺盤上桌。

4

把可可粉和低筋麵粉混在一起過篩，倒進
3的鋼盆裡面，用攪拌器攪拌。攪拌均勻
後，將剩餘的1全部加入，用攪拌器攪
拌。

溫巧克力蛋糕佐蕎麥奶油

擺盤

材料

巧克力蛋糕…1個
法式薄餅…1片
蕎麥香緹鮮奶油…約20g
蕎麥…約2g

把蕎麥香緹鮮奶油放在法式薄餅上面。在
蕎麥香緹鮮奶油上面，裝飾上炒過的蕎麥
和蕎麥粉。

把1放在用烤箱烤過的巧克力蛋糕上面。
法式薄餅放在剛出爐的烘烤巧克力蛋糕上
面，法式薄餅上面則是香緹鮮奶油。因為
很快就會融化，所以必須細心且快速地擺
盤上桌。

リストランテ アルポンテ
RISTORANTE AL PONTE

老闆兼主廚　原　宏治

　　就一個高級餐廳（Ristorante）來說，我的店裡還是有很多享受餐後DOLCE（甜點）的顧客，因此，店裡每天都會準備布丁、慕斯、義式奶酪等種類8～10種的甜點。店內採用的是現今比較少見的風格，服務生會用推車把DOLCE推到桌邊，當場詢問顧客的需求，然後現場分切、裝盤，再提供給顧客。店內的料理是以義大利的傳統料理為基礎，然後再加上些許現代化的創意，因此，DOLCE也是以經典或傳統風格為基礎，然後再添加些許時代感的要素。味道方面，為了符合料理，享受每一種素材的個性，會特別留意甜度的部分。使用巧克力的DOLCE雖然不多，不過，巧克力本身的種類十分豐富，白巧克力、牛奶巧克力、苦甜巧克力、甜味巧克力、苦味巧克力……等多種豐富的種類，若是和鮮奶油或水果搭配組合的話，就能發展出無限、多變的風味。近年來，調溫巧克力也會因產地而有不同的味道，因此，也可以使用那些素材，製作出讓人感受到季節感的細緻味道。另外，義大利國內的巧克力甜點是歷史非常悠久的，早在過去的前拿坡里王國地區、北部地區就已經存在，每一種都充滿個性。

善用個性豐富的巧克力特色，製作出纖細的味道

RISTORANTE AL PONTE
- ■地址／東京都中央区日本橋浜町3-3-1　トルナーレ日本橋浜町2階
- ■電話／03-3666-4499
- ■營業時間／11:30～15:00（L.O.13:30）、17:30～22:00（L.O.20:30）
- ■公休日／星期三、星期日
- ■URL／https://www.alponte.jp/

煙燻巧克力香草蛋糕佐杏桃醬
套餐中的一道

賀茂茄子與巧克力蛋糕

香橙醃漬賀茂茄子

材料

直徑18cm的圓形模型　1個

賀茂茄子…400g
鹽巴…適量

A
柑橘汁…1/2個
柑橘皮（磨碎）…1/2個
細砂糖…1小匙
柑橘香甜酒（Curacao）…10ml

- 巧克力蛋糕體
- 香橙醃漬賀茂茄子
- 義大利香醋
- 香緹鮮奶油
- 薄荷葉
- 糖粉
- 可可粉

巧克力加上茄子，很多人都會被這樣的意外組合驚嚇到，不過，其實這是南義大利，尤其是西西里島等地相當常見的組合。當地的吃法是把茄子乾炸，然後，再沾著融化的巧克力品嚐。於是，主廚便以這種組合為基礎，改良成RISTORANTE風格的卡布里蛋糕。茄子如果採用果肉柔軟的品種，烘烤之後，口感就會變得軟爛，所以要使用果肉較硬的品種。義大利主要使用的是圓茄子，所以這裡便選用賀茂茄子。茄子的果肉呈現海綿狀，容易吸油，所以要使用鐵氟龍不沾鍋，在不加半滴油的情況下，讓水分確實揮發，變得像可麗餅餅皮那樣，讓果肉更容易吸入醃漬液。之所以使用2種調溫巧克力，是因為組合不同的種類，可以更添濃郁。巧克力使用熔岩巧克力蛋糕的麵糊進行烘烤，讓茄子更容易與之融合。入模的時候，正中央要留空，然後塞滿茄子，這樣比較容易檢查熟度。

賀茂茄子削皮，縱切成對半後，為了把纖維切斷，將果肉切成2cm寬度，排放在調理盤內，撒上鹽巴，靜置10分鐘。

把A材料混合，製作醃漬液。

4

把烘焙紙鋪在模型裡面，倒入3/1份量的3的材料，然後放入一半份量的醃漬茄子。直接製作出兩層。

5

拍打模型底部，排出內部的空氣，用180℃的烤箱烤20～23分鐘。

擺盤

1

脫模，撕掉烘焙紙，放涼，撒上糖粉，放進冰箱冷卻。

2

切塊，擺放在盤子裡面，隨附上打發的鮮奶油。倒入義大利香醋，撒上糖粉、可可粉。裝飾上薄荷。

巧克力蛋糕體

材料

直徑18cm的圓形模型　1個

調溫巧克力（可可含量62%）
…63g
調溫巧克力（可可含量70%）
…63g
無鹽奶油…110g
低筋麵粉…63g
全蛋…180g
細砂糖…80g

1

用鋼盆把調溫巧克力和奶油隔水加熱，在避免分離的情況下，攪拌融化。

2

把全蛋和細砂糖用攪拌機打發至呈現黏稠狀，把1的材料和過篩的低筋麵粉倒入。

3

快速攪拌，避免擠破氣泡。

3

1的水分釋出後，用水沖洗乾淨，排放在廚房紙巾上面，將水分擦拭乾淨。

4

把沒有油的鐵氟龍不沾鍋加熱，放入茄子，煎煮兩面，避免焦黑。

5

茄子稍微軟化後，倒入2的醃漬液，讓茄子吸乾醃漬液。

6

湯汁收乾之後，放置在調理盤上，放涼。

煙燻巧克力香草蛋糕佐杏桃醬

煙燻巧克力香草蛋糕

材料（20人份）

長方形模型　2個

無鹽奶油…100g
細砂糖…100g

A
橄欖油…25g
薄荷葉…3片
迷迭香…1枝

調溫巧克力（可可含量62%）
　　…65g
調溫巧克力（可可含量70%）
　　…60g
煙燻木屑…適量
低筋麵粉…35g
蘭姆酒…1小匙
瑪薩拉酒（Dolce）…1小匙
全蛋…2個

塗抹模型用
無鹽奶油…適量
低筋麵粉…適量

糖衣迷迭香
煙燻巧克力
迷迭香
杏桃醬
薄荷葉
糖粉

以前，我曾經和認識的甜點師討論，巧克力的魅力是什麼，當時我們談論到的是「香氣」問題。於是，為了讓顧客透過各種不同的香氣享用巧克力，便有了這樣的甜點。為蛋糕增添香氣的時候，以前都是採用甜露酒或水果，不過，最近因為煙燻技術的發達，把煙燻技術應用在巧克力上面的情況也有增多的情況。這裡除了煙燻之外，同時還增加了香草的香氣。巧克力採用燻製技術，讓巧克力充滿煙燻香味，其中再加上香草的香氣，然後再進一步利用杏桃醬增添果香。溫熱之後，就會產生溫暖口感的成熟風味，因此，在擺盤之前會稍微溫熱。趁熱品嚐，也是RISTORANTE甜點獨有的魅力。

1

把A的材料放進真空袋，放進真空器抽吸真空，在45℃的熱水裡面放一段時間，預先備妥香氣較高的油。

9

蛋攪拌均勻後，再把剩下的1顆蛋打入，充分攪拌均勻。

10

倒入蘭姆酒和瑪薩拉酒，充分攪拌均勻。

11

把4和5的調溫巧克力倒進鋼盆，攪拌均勻。

6

把細砂糖放進2的鋼盤裡面，用打蛋器攪拌均勻。

7

把1的油倒進6的鋼盆裡面，進一步攪拌均勻。取出迷迭香備用。

8

首先，把1個全蛋放進7的鋼盆，攪拌均勻。

2

把奶油放進鋼盆，隔水加熱，融化至有些許塊狀殘留的狀態。

3

把70％的調溫巧克力放進鋼盆，進行煙燻。

4

煙燻完成後，放置30秒左右，取出攪拌至完全融化。

5

把62％的調溫巧克力隔水加熱融化。

煙燻巧克力香草蛋糕佐杏桃醬

杏桃醬

材料

杏桃醬…20g
糖漬杏桃…1個
櫻桃白蘭地…1小匙

1

把糖漬杏桃的種籽和外皮去掉，連同剩下
的材料一起放進攪拌機。

2

攪拌至柔滑程度就完成了。

14

把步驟7預留的迷迭香放在麵糊上面。

15

用180℃的烤箱烤17分鐘。出爐後，拿掉
迷迭香，脫模，放冷備用。

12

把低筋麵粉過篩後，倒進11的鋼盆，改
用橡膠刮刀，快速攪拌均勻。

13

把12的麵糊倒進預先抹上奶油，撒上麵
粉（全都是份量外）的模型裡面。

擺盤

裝飾上薄荷葉和迷迭香的葉子，倒進杏桃醬。

蛋糕切塊，裝盤。切好之後，用微波爐等稍微加熱會更好。

插上糖衣迷迭香，撒上糖粉和可可粉。

人氣甜點師
各店介紹
法式巧克力蛋糕的刊載頁面

PONY PONY HUNGRY
ポニーポニーハングリー

■地址／大阪府大阪市西区江戸堀2-3-9
■電話／06-7505-6915
■営業時間／12:00～19:00
■公休日／星期一
■URL／https://ponyponyhungry.stores.jp/

L'atelier MOTOZO
ラトリエモトゾー

■地址／東京都目黒区東山3-1-4
■電話／03-6451-2389
■営業時間／13:00～17:00
■公休日／星期一、星期二
■URL／官網籌備中
instagram:https://www.instagram.com/latelier_motozo_official

Avril de Bergue
ベルグの4月

■地址／神奈川県横浜市青葉区美しが丘2-19-5
■電話／045-901-1145
■営業時間／9:30～19:00
■公休日／每年休業3次・進行設備檢修（透過網站公告）
■URL／http://www.bergue.jp/
■透過SNS等平台持續更新最新資訊

---

pâtisserie usagui
パティスリー ウサギ

■地址／兵庫県伊丹市中央1-7-15
■電話／072-744-2790
■営業時間／11:00～19:00（售完即止）
■公休日／星期三、四　不定期休
■URL／https://www.instagram.com/patisserieusagui/

PRESQU'ILE chocolaterie
ブレスキル ショコラトリー

■地址／東京都武蔵野市吉祥寺本町2-15-18
■電話／0422-27-2256
■営業時間／11:00～19:00
■公休日／星期二、星期三
■URL／https://presquile.co.jp/

Cake Sky Walker
ケークスカイウォーカー

■地址／兵庫県神戸市中央区中山手通4-11-7
■電話／078-252-3708
■営業時間／10:00～19:00
■公休日／星期一（如適逢星期假日，改隔日休）、
　不定期周一、二連休
■URL／https://www.facebook.com/CakeSkyWalker/

Patisserie Camelia Ginza
パティスリー カメリア銀座

■地址／東京都中央区銀座7-5-12ニューギンザビル8号館1階
■電話／03-6263-8868
■営業時間／平常日12:00～凌晨1:00
　星期六、日、假日12:00～20:00
■公休日／不定期休假
■URL／https://patisserie-camelia.com/

ma biche
マビッシュ

■地址／兵庫県芦屋市大原町20-24 テラ芦屋 1階
■電話／0797-61-5670
■営業時間／10:00～19:00
■公休日／星期二、星期三
■URL／https://www.facebook.com/mabiche.ashiya/

Ma Prière
マ・プリエール

■地址／東京都武蔵野市西久保2-1-11バニオンフィールドビル1階
■電話／0422-55-0505
■営業時間／10:00～19:00
■公休日／不定期休假
■URL／https://www.ma-priere.com/

UN GRAIN
アングラン

■地址／東京都港区南青山6-8-17 プルミエビル1階
■電話／03-5778-6161（店鋪直通）
■営業時間／11:00～19:00
■公休日／星期三
■URL／https://www.ungrain.tokyo/shop/
※如有吧檯內用需求，請先來電確認。

PLATINO　上町本店
プラチノ カミマチホンテン

■地址／世田谷区世田谷1-23-6 エクセル世田谷102
■電話／03-3439-2791
■営業時間／10:00～19:00
■公休日／星期四
■URL／https://www.platino.jp/

PLATINO　桜新町店
プラチノ サクラシンマチテン

■地址／東京都世田谷区新町2-35-16
■電話／03-3426-3451
■営業時間／10:00～19:00
■公休日／星期四
■URL／https://www.platino.jp/

人氣餐廳
各店介紹
法式巧克力蛋糕的刊載頁面

CUCINA KURAMOCHI
クチーナ クラモチ

P.132

■地址／京都府京都市中京区釜座通汎太町下ル桝屋町149
■電話／075-253-6336
■営業時間／12:00〜14:30（L.O.）、18:00〜21:30（L.O.）
■公休日／星期四
■URL／http://cucinakuramochi.com/

INTERCONTINENTAL TOKYO BAY
ホテル インターコンチネンタル 東京ベイ

P.145

■地址／東京都港区海岸1-16-2
■電話／03-5404-7895
■営業時間／11:00〜20:00
■URL／https://www.interconti-tokyo.com/

Dessert le Comptoir
コントワール

P.157

■地址／東京都世田谷区深沢5-2-1
■電話／03-6411-6042
■営業時間／完全介紹制

Crony
クローニー

P.167

■地址／東京都港区西麻布2-25-24
　NISHIAZABU FTビルMB1F（半地下1階）
■電話／03-6712-5085
■営業時間／18:00〜凌晨2:00
　套餐18:00〜20:00（L.O.）
　wine bar 21:30〜凌晨1:00（L.O.）
■公休日／星期日、其他　不定期休
■URL／https://www.fft-crony.jp/

姉妹店 Le sel（ル セル）
■地址／京都府京都市
　東山区清水4-148-6
■電話／075-748-1467
■営業時間／11:00〜17:00（L.O.）
■公休日／星期三、其他　不定期休
■URL／
　https://www.instagram.com/le_sel_kyoto/

L'aube
ローブ   P.173

■地址／東京都港区東麻布1-17-9 アネックス2階
■電話／03-6441-2682
■営業時間／平日12:00〜15:00　18:00〜23:00
■公休日／星期日、星期一
■URL／https://www.restaurant-laube-en.com/i

bisous 神楽坂
ビズ カグラザカ   P.185

■地址／東京都新宿区神楽坂5-43-2 ROJI神楽坂2階
■電話／03-3267-1337
■営業時間／11:30〜14:00　18:00〜22:00
■公休日／星期一、星期五的午餐
■URL／http://bisous-kagurazaka.com

Sublime
スブリム   P.201

■地址／東京都港区東麻布3-3-9 Annex麻布十番1階
■電話／03-5570-9888
■営業時間／午餐12:00〜15:00（L.O.13:00）
　晩餐18:00〜23:00（L.O.21:00）
■公休日／星期一、星期日的晩餐、第二個星期日的午餐
■URL／http://www.sublime.tokyo/

Florilège
フロリレージュ   P.207

■地址／東京都渋谷区神宮前2-5-4
　SEIZAN外苑 B1
■電話／03-6440-0878
■営業時間／午餐12:00〜13:30（L.O.）、
　晩餐18:30〜20:00（L.O.）
■公休日／星期三、其他　不定期休假
■URL／https://www.aoyama-florilege.jp/

姉妹店 Logy
■地址／台北市大安區安和路一段109巷6號1樓
■電話／非公開
■営業時間／午餐12:00〜15:00（L.O.12:30）、
　晩餐18:30〜20:30（L.O.19:30）
　※午餐僅有星期四〜星期日供應
■公休日／星期一、二
■URL／https://logy.tw/

HOMMAGE
オマージュ

P.211

HOMMAGE
- ■地址／東京都台東区浅草4-10-5
- ■電話／03-3874-1552
- ■営業時間／午餐11:30～15:00（L.O.12:30）
  晩餐18:00～22:30（L.O.20:00）
- ■公休日／星期一、星期二
- ■URL／http://www.hommage-arai.com/

姉妹店 noura
- ■地址／東京都台東区浅草4-10-6
- ■電話／03-6458-1255
- ■営業時間／午餐11:30～15:00（L.O.13:30）
  晩餐18:00～23:00（L.O.21:00）
  公休日前一天18:00～23:00（L.O.20:00）
- ■公休日／星期一、星期二
- ■URL／https://www.noura0815.com/

RISTORANTE AL PONTE
リストランテ アルポンテ

P.217

- ■地址／東京都中央区日本橋浜町3-3-1 トルナーレ日本橋浜町2階
- ■電話／03-3666-4499
- ■営業時間／11:30～15:00（L.O.13:30）、17:30～22:00（L.O.20:30
  ）
- ■公休日／星期三、星期日
- ■URL／https://www.alponte.jp/

TITLE

頂尖甜點師的法式巧克力蛋糕極品作

STAFF

出版	瑞昇文化事業股份有限公司
編著	旭屋出版編輯部
譯者	羅淑慧

創辦人 / 董事長	駱東墻
CEO / 行銷	陳冠偉
總編輯	郭湘齡
責任編輯	張聿雯
文字編輯	徐承義
美術編輯	謝彥如
國際版權	駱念德　張聿雯

排版	二次方數位設計　翁慧玲
製版	印研科技有限公司
印刷	桂林彩色印刷股份有限公司

法律顧問	立勤國際法律事務所　黃沛聲律師
戶名	瑞昇文化事業股份有限公司
劃撥帳號	19598343
地址	新北市中和區景平路464巷2弄1-4號
電話 / 傳真	(02)2945-3191 / (02)2945-3190
網址	www.rising-books.com.tw
Mail	deepblue@rising-books.com.tw
港澳總經銷	泛華發行代理有限公司

初版日期	2024年4月
定價	NT$650 ／ HK$208

國家圖書館出版品預行編目資料

頂尖甜點師的法式巧克力蛋糕極品作/旭屋出
版編輯部編著；羅淑慧譯. -- 初版. -- 新北市：
瑞昇文化事業股份有限公司, 2024.01
232面；19x25.7公分
ISBN 978-986-401-698-3(平裝)

1.CST: 點心食譜

427.16　　　　　　　　　112021375